目次

JN100891

成績アップのための学習メソッド ▶ 2 ～ 5

学習内容

ぴたトレ0（スタートアップ） ▶ 6 ～ 11

※原則，ぴたトレ1は偶数，ぴたトレ2は奇数ページになります。

[写真提供]

コーベットフォトエージェンシー

成績アップのための **学習メソッド**

学習のはじめ

ぴたトレ**0** スタートアップ	この学年の内容に関連した,これまでに習った内容を確認しよう。 学習のはじめにとり組んでみよう。

日常の学習

ぴたトレ**1** 要点チェック	教科書の用語や重要事項を さらっとチェックしよう。 要点が整理されているよ。	ぴたトレ**2** 練習	問題演習をして,基本事項を身に つけよう。ページの下の「ヒント」 や「ミスに注意」も参考にしよう。

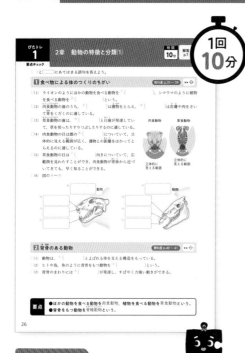

1回 **10分**

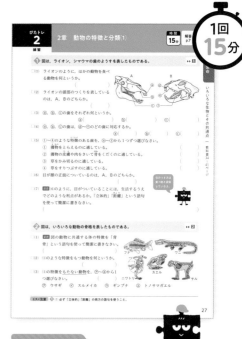

1回 **15分**

学習メソッド

「わかる」「簡単」と思った内容なら,「ぴたトレ2」から始めてもいいよ。「ぴたトレ1」の右ページの「ぴたトレ2」で同じ範囲の問題をあつかっているよ。

学習メソッド

わからない内容やまちがえた内容は,必要であれば「ぴたトレ1」に戻って復習しよう。▶▶■ のマークが左ページの「ぴたトレ1」の関連する問題を示しているよ。

\ 「学習メソッド」を使うとさらに効率的・効果的に勉強ができるよ! /

ぴたトレ3
確認テスト

テスト形式で実力を確認しよう。まずは,目標の70点を目指そう。
「定期テスト予報」はテストでよく問われるポイントと対策が書いてあるよ。

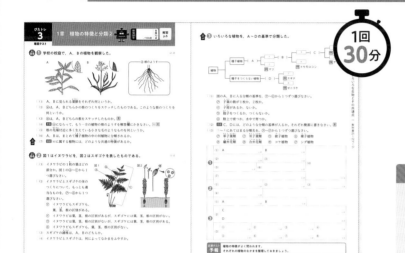

1回 30分

学習メソッド

テスト前までに「ぴたトレ1~3」のまちがえた問題を復習しておこう。

↓

テスト前

定期テスト予想問題

テスト前に広い範囲をまとめて復習しよう。
まずは,目標の70点を目指そう。

1回 30分

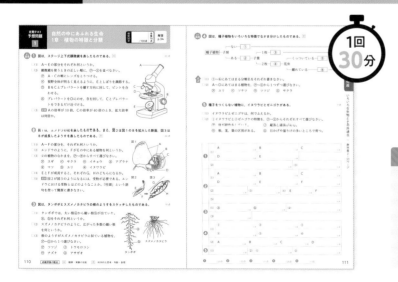

学習メソッド

さらに上を目指すキミは「点UP」にもとり組み,まちがえた問題は解説を見て,弱点をなくそう。

次のページへ続くよ

〔効率的・効果的に学習しよう!〕

✕ 同じまちがいをくり返さないために

まちがえた問題は,別冊解答の「考え方」を読んで,どこをまちがえたのか確認しよう。

効率的に勉強するために

各ページの解答時間を目安にしてとり組もう。まちがえた問題のチェックボックスにチェックを入れて,後日復習しよう。

理科に特徴的な問題のポイントを押さえよう

計算,作図,記述 の問題にはマークが付いているよ。何がポイントか意識して勉強しよう。

観点別に自分の学力をチェックしよう

学校の成績はおもに,「知識・技能」「思考・判断・表現」といった観点別の評価をもとにつけられているよ。
一般的には「知識」を問う問題が多いけど,テストの問題は,これらの観点をふまえて作られることが多いため,「ぴたトレ3」「定期テスト予想問題」でも「知識・技能」のうちの「技能」と「思考・判断・表現」の問題にマークを付けて表示しているよ。自分の得意・不得意を把握して成績アップにつなげよう。

付録も活用しよう

ぴたトレ minibook mini book ✕ 赤シート

 中学ぴたサポアプリ

持ち歩きしやすいミニブックに,理科の重要語句などをまとめているよ。スキマ時間やテスト前などに,サッとチェックができるよ。

スマホで一問一答の練習ができるよ。スキマ時間に活用しよう。

〔 勉強のやる気を上げる**4**つの工夫 〕

1 "ちょっと上"の目標をたてよう

頑張ったら達成できそうな,今より"ちょっと上"のレベルを目標にしよう。目指すところが決まると,そこに向けてやる気がわいてくるよ。

2 無理せず続けよう

勉強を続けると,「続けたこと」が自信になって,次へのやる気につながるよ。「ぴたトレ理科」は1回分がとり組みやすい分量だよ。無理してイヤにならないよう,あまりにも忙しいときや疲れているときは休もう。

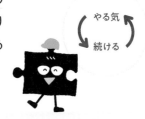

3 勉強する環境を整えよう

勉強するときは,スマホやゲームなどの気が散りやすいものは遠ざけておこう。

4 とりあえず勉強してみよう

やる気がイマイチなときも,とりあえず勉強を始めるとやる気が出てくるよ。
わからない問題にいつまでも時間をかけずに,解答と解説を読んで理解して,また後で復習しよう。「ぴたトレ理科」は細かく範囲が分かれているから,「できそう」「興味ありそう」な内容からとり組むのもいいかもね。

（　）にあてはまる語句を答えよう。

第1章　水溶液とイオン　／　第3章　化学変化と電池　教科書 p.11〜28, 47〜65

【中学校2年】化学変化と原子・分子

□ もとの物質とはちがう物質ができる変化を化学変化（化学反応）といい，
　それ以上分割することができない，物質をつくっている最小の粒子を ①（　　　　　　）という。
　①は，種類によって，その質量や大きさが決まっている。

□ 物質を構成する①の種類を元素という。元素を表す1文字，または2文字の
　アルファベットからなる記号を ②（　　　　　　）という。

□ 物質を，②と数字を使って表したものを ③（　　　　　　）という。

□ 化学変化を③で表した式を ④（　　　　　　）という。

$$2H_2O \rightarrow 2H_2 + O_2$$

水の電気分解を表す化学反応式

□ 1種類の物質が2種類以上の物質に分かれる化学変化を
　⑤（　　　　　　）といい，物質に電流を流して
　⑤することを ⑥（　　　　　　）という。

【中学校2年】電気の世界

□ 電気には＋（正）と－（負）の2種類があり，⑦（　　　　　　）種類の電気の間には
　引き合う力がはたらき，⑧（　　　　　　）種類の電気の間にはしりぞけ合う力がはたらく。

□ 電流のもとになる，－（負）の電気を帯びた小さな粒子を ⑨（　　　　　　）という。

□ 電流は，電源の＋極から－極に向かって流れる。このとき，⑨が移動する向きは
　電流の向きとは ⑩（　　　　　　）である。

第2章　酸，アルカリとイオン　教科書 p.29〜46

【小学校6年】水溶液の性質

□ 水溶液は，リトマス紙の色の変化によって，酸性，①（　　　　　），アルカリ性の
　3つに分けることができる。

　・酸性の水溶液は，②（　　　　　）のリトマス紙を ③（　　　　　）に変化させる。

　・①の水溶液は，青色，赤色のどちらのリトマス紙も色を変化させない。

　・アルカリ性の水溶液は，④（　　　　　）のリトマス紙を ⑤（　　　　　）に変化させる。

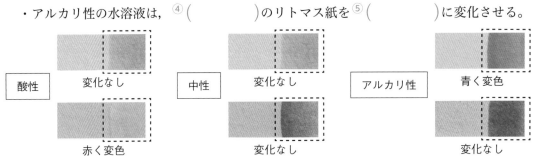

リトマス紙に水溶液をつけたときの色の変化

（　）と⬚にあてはまる語句を答えよう。

第1章　生物の成長と生殖
／　第2章　遺伝の規則性と遺伝子 教科書 p.77～108

【小学校5年】動物の誕生

□メダカは，①（　　　　　　　　）（受精したたまご）の中で少しずつ変化して，やがて子メダカが誕生する。

□ヒトは，受精してから約38週間，母親の体内の②（　　　　　　　　）で育ち，誕生する。

【中学校1年】いろいろな生物とその共通点

□胚珠が③（　　　　　　　）（めしべの下部のふくらんだ部分）の中にある植物を④（　　　　　　　）という。

□おしべの⑤（　　　　　　　）から出た花粉がめしべの⑥（　　　　　　　）につくことを受粉という。

□③は，受粉して成長すると，やがて⑦（　　　　　　　）になる。また，胚珠は，受粉して成長すると，やがて⑧（　　　　　　　）になる。

花のつくり

【中学校2年】生物のからだのつくりとはたらき

□全ての生物に共通して見られる，からだをつくる小さな部屋のようなものを⑨（　　　　　　　）という。⑨には，核や細胞質などがある。

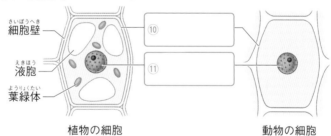

植物の細胞　　　　　　動物の細胞

第3章　生物の多様性と進化 教科書 p.109～121

【中学校1年】いろいろな生物とその共通点

□植物は，被子植物，①（　　　　　　　），シダ植物，②（　　　　　　　）に分類できる。

□ヒトや鳥，魚など，背骨をもつ動物を③（　　　　　　　）という。③は，魚類，両生類，ハチュウ類，鳥類，ホニュウ類に分類できる。

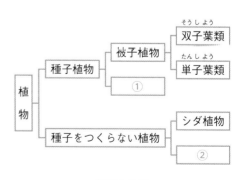

植物の分類

（　）にあてはまる語句を答えよう。

第1章　物体の運動／第2章　力のはたらき方　教科書 p133〜162

【中学校1年】身のまわりの現象

□力には，次のようなはたらきがある。

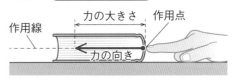

力の表し方

①物体の形を変える。

②物体の^①（　　　　　）の状態を変える。

③物体を支える。

□力の大きさを表すには^②（　　　　　　　　　）(記号N)という単位を使って表す。

約100 gの物体にはたらく重力の大きさが1 Nである。

□物体に力がはたらいている点を^③（　　　　　）という。

□1つの物体に2つ以上の力がはたらいて，物体が静止しているとき，

物体にはたらく力はつり合っているという。

次の①〜③が成り立つとき，2力はつり合う。

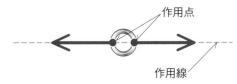

2力のつり合い

①2力は一直線上にある。

②2力の大きさが^④（　　　　　）。

③2力の向きが^⑤（　　　　　）である。

【中学校2年】天気とその変化

□物体どうしがふれ合う面にはたらく単位面積

（1 m²など)あたりの力を^⑥（　　　　）という。

⑥は，次の式で求めることができる。

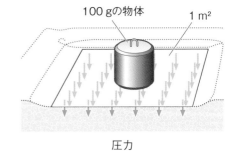

圧力

$$⑥〔Pa〕=\frac{面を垂直におす力〔N〕}{力がはたらく面積〔m^2〕}$$

□⑥を表すには^⑦（　　　　　　　）(記号 Pa)，

またはニュートン毎平方メートル(記号 N/m²)

という単位を使う。

□上空にある空気が地球上の物に加える重力による⑥を^⑧（　　　　　　）という。

⑧は，あらゆる向きから物体の表面に垂直にはたらく。

□気象情報などで使う⑧の単位は^⑨（　　　　　　　　）(記号 hPa)である。

なお，1 hPa＝100 Pa＝100 N/m² である。高度0 mにおける標準的な⑧の大きさを1気圧と

よび，1気圧は1013.25 hPaである。

（　）にあてはまる語句を答えよう。

第3章　エネルギーと仕事　教科書 p.163〜183

【小学校4年】金属，水，空気と温度

□金属は，熱せられた部分から順にあたたまっていく。

一方，水や空気は，熱せられた部分が①（　　　　　）へ動き，全体があたたまっていく。

金属のあたたまり方

水のあたたまり方

【小学校6年】電流の利用

□電気製品は，電気を光や音，熱，運動などに変えて利用している。

・豆電球，LED電球…電気を②（　　　　　）に変える。

・電熱線…電気を③（　　　　　）に変える。

・電子オルゴール，スピーカー…電気を④（　　　　　）に変える。

・モーター…電気を⑤（　　　　　）に変える。

豆電球

モーター

【中学校2年】化学変化と原子・分子

□物質が激しく熱や光を出しながら酸素と結びつく化学変化を⑥（　　　　　）という。

□物質がもっているエネルギーを⑦（　　　　　　　　　　）という。⑦は，化学変化によって熱などとして物質からとり出すことができる。

【中学校2年】電気の世界

□電気がもつエネルギーを⑧（　　　　　　　　　　）という。電気のはたらきで，光や熱，音を発生させたり，物体を動かしたりできるものは⑧をもっている。

ぴたトレ 0 スタートアップ

単元4 地球と宇宙 の学習前に

（　）にあてはまる語句を答えよう。

第1章　地球の運動と天体の動き　教科書 p.201～222

【小学校3年】太陽と地面のようす

□太陽は，時刻とともに，①（　　　　　）から
南の空を通って②（　　　　　）へと動く。

【小学校4年】月や星

□星によって，明るさや色にちがいが
③（　　　　　）。星は，明るさによって，
1等星，2等星，3等星，…と分けられている。

□星の集まりをいろいろなものに見立てて，
名前をつけたものを④（　　　　　）という。

□時間がたつと，星が見える位置は変わるが，
星の並び方は⑤（　　　　　）。

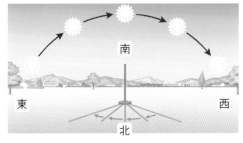

太陽とかげの動き

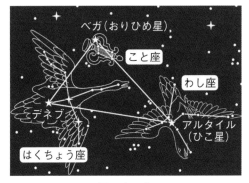

夏の大三角

第2章　月と金星の見え方
／　第3章　宇宙の広がり　教科書 p.223～243

【小学校4年】月と星

□月は，時刻とともに，①（　　　　　）から
南の空を通って②（　　　　　）へと動く。
また，月の形はちがっても，動き方は
③（　　　　　）。

【小学校6年】月と太陽

□月は自ら光を出さず，④（　　　　　）の光を
受けてかがやいていて，月のかがやいている側に
④がある。

□日によって，月の形が変わって見えるのは，
月と⑤（　　　　　）の位置関係が変わるから
である。

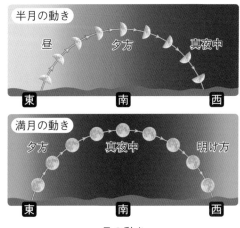

月の動き

（　）にあてはまる語句を答えよう。

第1章　自然のなかの生物

／　第2章　自然環境の調査と保全　教科書 p.255〜278

【小学校6年】生物と環境

□生物どうしの「食べる・食べられる」という関係によるひとつながりを
① (　　　　　　　　)という。

□空気や水，土など，その生物をとり巻いているものを② (　　　　　　)という。

【中学校2年】生物のからだのつくりとはたらき

□細胞では，酸素がとりこまれ，養分を
使ってエネルギーがとり出され，
③ (　　　　　　　　)が放出される。

□植物が光を受けてデンプンなどの養分
をつくり出すはたらきを
④ (　　　　　　　　)という。

④は，葉などの細胞の内部にある
⑤ (　　　　　　　　)で行われる。

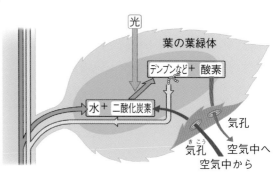

光合成のしくみ

第3章　科学技術と人間　教科書 p.279〜300

【中学校1年】身のまわりの物質

□炭素をふくむ物質を① (　　　　　　　)という。また，①以外の物質を② (　　　　　　)という。

□物質の単位体積あたりの質量を③ (　　　　　)という。

物質の③は，次の式で求めることができる。

$$物質の密度〔g/cm^3〕 = \frac{物質の質量〔g〕}{物質の体積〔cm^3〕}$$

【中学校2年】電気の世界

□金属のように，電気抵抗が小さく，電気を通しやすい物質を④ (　　　　　　)という。

また，ガラスやゴムのように，電気抵抗がきわめて大きく，電気をほとんど通さない物質を
⑤ (　　　　　　)という。

【中学校2年】化学変化と原子・分子

□化学変化でそれ以上分割することができない，物質をつくっている最小の粒子を
⑥ (　　　　　)という。

⑥の種類によって，質量や大きさは異なる。

□⑥が結びついてできる，物質の性質を示す最小単位の粒子を⑦ (　　　　　　)という。

⑦は，結びついている⑥の種類と数によって物質の性質が決まる。

□1種類の元素からできている物質を⑧ (　　　　　)という。

また，2種類以上の元素からできている物質を⑨ (　　　　　)という。

第1章　水溶液とイオン(1)

（　）と □ にあてはまる語句を答えよう。

1 水溶液と電流

教科書 p.12 ～ 15 ▶▶ ❶

電流が流れる 水溶液	食塩水・うすい塩酸・果汁 スポーツドリンク・雨水・水道水
電流が流れない 水溶液	砂糖水・エタノール水溶液

□(1) 水にとかしたときに電流が流れる塩化ナトリウムなどの
物質を ① （　　　　　　　）という。

□(2) 水にとかしても電流が流れない
砂糖やエタノールなどの物質を
② （　　　　　　　）という。

□(3) 図の③

雨水や水道水は電流がほとんど流れない場合もあるよ。

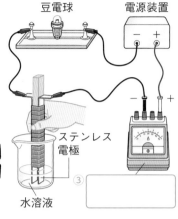

豆電球　電源装置

ステンレス電極

水溶液

2 塩化銅水溶液の電気分解

教科書 p.16 ～ 20 ▶▶ ❷

□(1) 塩化銅水溶液に電流を流して ① （　　　　　　　）
すると，それぞれの電極で金属の付着や気体の発
生のような ② （　　　　　）変化が起こる。

□(2) 陰極の表面には ③ （　　　　）色の物質が付着する。
この物質をろ紙にとって薬品さじでこすると
④ （　　　　　　　）が見られることから，この物
質は ⑤ （　　　　　　　）であることがわかる。

□(3) 陽極からは気体の ⑥ （　　　　　　）が発生する。陽
極付近の水溶液をとって，赤インクに落とすと，
この気体の ⑦ （　　　　　　）作用のため赤インクの
色が消える。

□(4) 接続する電極を逆にする
と，銅の付着や塩素の発
生も ⑧ （　　　　）になる。

□(5) 図の⑨～⑩

⑨ □　⑩ □

↑電源装置の一極と接続　↑電源装置の＋極と接続

電極(炭素棒)

塩化銅水溶液

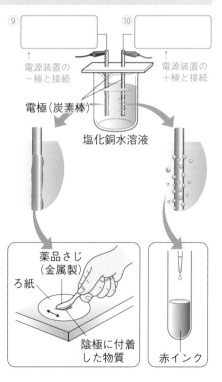

薬品さじ (金属製)

ろ紙

陰極に付着した物質

赤インク

陽極　陰極

塩素が発生　銅が付着

要点

●物質には，水にとかすと電流が流れる電解質と流れない非電解質がある。
●塩化銅水溶液の電気分解…陰極に銅の付着，陽極から塩素の発生。

ぴたトレ 2 第1章　水溶液とイオン(1)

練習

1 表の⑦〜㋑の物質を精製水にとかして水溶液をつくった。その水溶液にステンレス電極を入れて，電圧を加えた。　▶▶ **1**

⑦	砂糖
㋑	塩化ナトリウム
㋒	エタノール
㋓	塩化水素

□(1) ⑦〜㋓の物質で，水溶液に電流が流れなかったものはどれか。あてはまるものをすべて選び，記号で書きなさい。（　　　　　）

□(2) (1)のような物質を，水にとかしたときに電流が流れる物質に対して何というか。（　　　　　）

□(3) 次の㋕〜㋗の液体に，ステンレス電極を入れて電圧を加えたとき，電流が流れるものの記号を書きなさい。すべて流れる場合は「すべて」と書きなさい。（　　　　　）

　㋕　スポーツドリンク　　　㋖　ミカンの果汁　　　㋗　雨水

2 図のように，10％の塩化銅水溶液をビーカーに入れ，発泡ポリスチレンの板には炭素棒の電極をとりつけた。炭素棒は電源装置と豆電球につなぎ，炭素棒を塩化銅水溶液の中に入れ，約4Ｖの電圧を1〜2分間加え続けた。その間，陰極や陽極のようすを観察した。　▶▶ **2**

□(1) 電極Aは，陰極，陽極のどちらか。（　　　　　）

□(2) 電極Aの表面には，何色の物質が付着したか。（　　　　　）

□(3) 記述 (2)の物質をろ紙の上にとって薬品さじの裏でこすると，どのようなことが見られるか。簡潔に書きなさい。
（　　　　　）

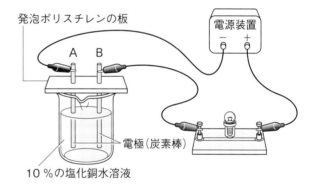

発泡ポリスチレンの板
電源装置
A　B
電極(炭素棒)
10％の塩化銅水溶液

□(4) 電極Bの表面からは気体が発生した。この気体の性質について正しいものを，次の⑦〜㋓から1つ選び，記号で書きなさい。（　　　　　）
　⑦　石灰水に通すと，石灰水が白くにごる。　　　㋑　ものを燃やす性質がある。
　㋒　刺激臭があり，有毒である。　　　㋓　もっとも密度が小さく，空気中で燃える。

□(5) 電極B付近の水溶液をスポイトでとり，赤インクを入れた試験管に数滴たらした。このとき，赤インクの色はどうなるか。（　　　　　）

□(6) この実験で起こった化学変化の化学反応式を，次の⑦〜㋒から選び，記号で書きなさい。（　　　　　）
　⑦　$Cu_2Cl_2 \longrightarrow 2Cu + Cl_2$
　㋑　$CuCl_2 \longrightarrow Cu + Cl_2$
　㋒　$CuCl_2 \longrightarrow Cu + 2Cl$

ヒント　**2** (5)電極Bの表面から発生する気体の性質のひとつに，漂白作用がある。

ミスに注意　**2** (6)原子の数に注意すること。

第1章　水溶液とイオン(2)

（　）と□にあてはまる語句，数字，化学式を答えよう。

1 塩酸の電気分解

教科書 p.21　▶▶ ①

□(1) うすい塩酸に電流を流すと，① (　　　　) 極には塩素が発生し，陰極には ② (　　　　) が発生する。発生する塩素と水素の体積は同じだが，塩素は水にとけやすいので，たまる量は水素より少ない。

□(2) うすい塩酸の中には，発生する塩素や水素のもととなる −や+の ③ (　　　　) を帯びた粒子が存在すると考えられる。

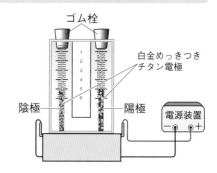

ゴム栓

白金めっきつきチタン電極

陰極　　陽極

電源装置

2 イオンと原子のなり立ち

教科書 p.22～27　▶▶ ②

□(1) 原子の原子核は，+の電気をもつ
① (　　　　) と，電気をもたない
② (　　　　) からできている。

□(2) 陽子1個がもつ+の電気の量と，電子
③ (　　　　) 個がもつ−の電気の量は等しい。

□(3) ナトリウム原子が電子を1個失うと，全体として+の電気を帯びたナトリウム
④ (　　　　) になる。

□(4) 塩素原子が電子を1個受けとると，全体として−の電気を帯びた
⑤ (　　　　) イオンになる。

□(5) 電解質の物質が水にとけて，陽イオンと
⑥ (　　　　) イオンにばらばらに分かれることを ⑦ (　　　　) という。

□(6) 塩化水素の電離を化学式で表すと，
$HCl \longrightarrow$ ⑧ (　　　　) $+ Cl^-$

□(7) 図の⑨～⑬

ヘリウム原子の構造　⑨

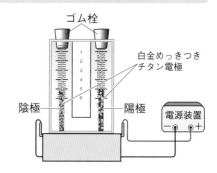

⑪

⑩

$Na \longrightarrow Na \longrightarrow Na^+ + \ominus$
電子を1個失う。　　　電子

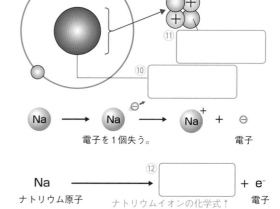

$Na \longrightarrow$ ⑫　　　$+ e^-$
ナトリウム原子　　ナトリウムイオンの化学式↑　電子

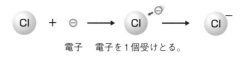

$Cl + \ominus \longrightarrow Cl \longrightarrow Cl^-$
電子　電子を1個受けとる。

$Cl + e^- \longrightarrow$ ⑬
塩素原子　電子　　　塩化物イオンの化学式↑

原子が電子を失って，+の電気を帯びたものが陽イオン，原子が電子を受けとって−の電気を帯びたものが陰イオンだよ。

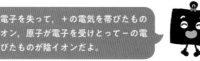

要点
● うすい塩酸の電気分解…陰極から水素，陽極から塩素が発生する。
● 電気を帯びた原子をイオンといい，電解質は水溶液中で電離する。

第1章　水溶液とイオン(2)

① 図のような装置を用いて，うすい塩酸の電気分解を行った。　▶▶ **1**

□(1) 陰極から発生した気体の名称を書きなさい。
（　　　　　　）

□(2) この電気分解で起こった化学変化を表した下の
化学反応式の，（　）にあてはまる数字や化学式
を書きなさい。

①（　　　　　） ②（　　　　　）

（ ① ）HCl ⟶ （ ② ） ＋ Cl₂

図中ラベル：ゴム栓／うすい塩酸／目盛り／電極／電極／6Vの電圧を加える／陰極／陽極／電源装置／− ＋

② 図は，ヘリウム原子のつくりを示したものである。原子のなり立ちやイオンについて，次の問いに答えなさい。　▶▶ **2**

□(1) 図で＋の電気をもつ粒Aを何というか。　（　　　　　　）

□(2) 図で電気をもたない粒Bを何というか。　（　　　　　　）

□(3) 図で，原子の中心にあるCは，粒Aと粒Bからできている。
Cのことを何というか。　（　　　　　　）

図中ラベル：− ／ A ／ B ／ 電子 ／ C ／ −

□(4) ヘリウム原子は，全体としては電気を帯びている状態，電気
を帯びていない状態のどちらの状態か。
電気を（　　　　　　　　　）状態

□(5) イオンのでき方について説明した次の文の①〜⑤にあてはまる語句を，下の⑦〜⑪からそれぞれ選び，記号で書きなさい。

①（　　　） ②（　　　） ③（　　　） ④（　　　） ⑤（　　　）

　原子が（ ① ）を受けとって（ ② ）の電気を帯びたものを（ ③ ）イオンという。一方，原子が①を失って（ ④ ）の電気を帯びたものを（ ⑤ ）イオンという。

⑦　＋　　　⑦　陽子　　　⑦　陰　　　⑧　−　　　⑨　陽　　　⑩　電子

□(6) 次の代表的なイオンについて，①〜④は化学式を，⑤〜⑧はイオンの名称を書きなさい。

①　ナトリウムイオン　（　　　　　　）　　②　マグネシウムイオン　（　　　　　　）

③　塩化物イオン　（　　　　　　）　　④　硫酸イオン　（　　　　　　）

⑤　H^+　（　　　　　　）　　⑥　Cu^{2+}　（　　　　　　）

⑦　OH^-　（　　　　　　）　　⑧　NO_3^-　（　　　　　　）

□(7) 次の物質は，水にとけるとどのように電離するか。化学式を用いた式で表しなさい。

①　塩化銅（$CuCl_2$）　　　　（　　　　　　　　　　）

②　硫酸（H_2SO_4）　　　　（　　　　　　　　　　）

ミスに注意　**②** (6) 電子の数に注意すること。

15

❶ 図の器具を用いて回路をつくり，ビーカーに入れる水溶液A〜Eによって電流が流れるかどうかを調べた。ただし，水溶液のAはうすい塩酸，Bはエタノール水溶液，Cは食塩水，Dはオレンジジュース，Eは砂糖水である。

26 点

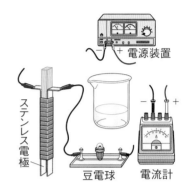

電源装置

ステンレス電極

豆電球　電流計

- □(1) 作図 この実験を正しく行うためには，図の電源装置，電流計，豆電球，ステンレス電極をどのようにつなげばよいか。図中に導線を実線(——)でかき入れ，回路を完成させなさい。技

- □(2) この実験では，1つのステンレス電極で数種類の水溶液について調べる。調べる水溶液をかえる前に電極をどのようにするか。次の文の(　)にあてはまる語句を書きなさい。技

　・1つの水溶液について調べ終わったら，すぐに水道水で洗い，その後に(　　　)で洗う。

- □(3) この実験で電流が流れた水溶液をA〜Eからすべて選び，記号で書きなさい。

- □(4) 水溶液にしたときに，できた水溶液に電流が流れる物質のことを何というか。

- □(5) 記述 ある飲み物の容器のラベルを見ると，原材料の一部に「砂糖・ブドウ糖液・食塩・香料」と書かれていた。この飲み物に電流は流れるか，理由とともに簡潔に書きなさい。思

❷ 図1のようにして，塩化銅水溶液に電流を流す実験を行ったところ，それぞれの電極に変化が見られた。

32 点

- □(1) 電極Aの表面には赤色の固体が付着した。この固体は何か，物質名を書きなさい。

- □(2) 記述 電極Bの表面からは気体が発生した。気体のにおいをかぐ場合，どのようにするか，簡潔に書きなさい。技

- □(3) 電極Bの表面から発生した気体の名称を書きなさい。

- □(4) 図2のように，図1とは導線を逆につなぎかえた。この場合，赤色の固体が付着するのは，電極A，Bのどちらか。

- □(5) 塩化銅を水にとかしたことで生じたイオンのうち，陰イオンの名称を書きなさい。

- □(6) 次の①，②について，①は正しいものを下の⑦〜⑨から1つ選んで記号で書き，②は化学反応式を書きなさい。

　① 塩化銅が水にとけたときの変化

　　⑦　$Cu_2Cl_2 \longrightarrow 2Cu^+ + 2Cl^-$

　　⑦　$CuCl_2 \longrightarrow Cu^+ + 2Cl^-$

　　⑦　$CuCl_2 \longrightarrow Cu^{2+} + 2Cl^-$

　② 塩化銅水溶液を電気分解したときの化学反応式

図1

電源装置

電極A　電極B

塩化銅水溶液
炭素棒

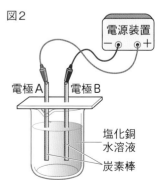

図2

電源装置

電極A　電極B

塩化銅水溶液
炭素棒

　成績評価の観点　技…観察・実験の技能　思…科学的な思考・判断・表現

3 図1，2は，塩化ナトリウムと砂糖をそれぞれ水にとかしたときの水溶液について，粒子のモデルで表したものである。

42点

図1 塩化ナトリウム　　　　　　　　　　図2 砂糖

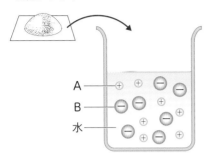
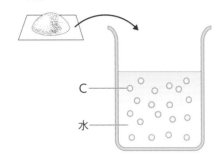

□(1) 図1で，＋の電気を帯びているＡの粒子は何を表しているか。名称を書きなさい。

□(2) 塩化ナトリウムを水にとかすと，Ａの粒子とＢの粒子の数の比は何：何になるか。

□(3) 図2で，Ｃの粒子は何を表しているか。

□(4) 図1の水溶液に2本の炭素棒の電極を入れ，導線で電源装置の＋極，－極につないだ。このとき，陽極側の電極に引かれるのはＡ，Ｂどちらの粒子か。記号を書きなさい。 思

□(5) 塩化水素を水にとかした場合に，Ａの粒子と同じように＋の電気を帯びている粒子を化学式で書きなさい。

□(6) 次のイオンを化学式で表しなさい。
① 亜鉛イオン　　② 水酸化物イオン　　③ 硝酸イオン

□(7) 次の化学式で表されるイオンは何か。イオンの名称を書きなさい。
① Mg^{2+}　　② SO_4^{2-}　　③ NH_4^+

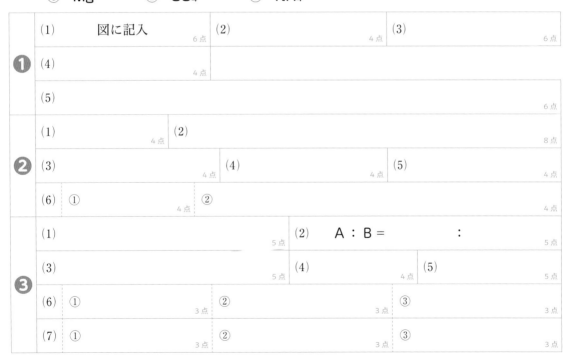

定期テスト 予報　塩化銅水溶液の電気分解の実験に関する問題が出題されやすいでしょう。
陽極・陰極の表面の変化と，塩化銅の電離を表す化学式をしっかり覚えておきましょう。

（　）と□にあてはまる語句を答えよう。

1 酸性，アルカリ性の水溶液と指示薬

教科書 p.30～33　▶▶①

□(1) リトマス紙で調べるときは，水溶液をガラス棒でつけ，1回ごとに ①（　　　　　）でガラス棒を洗う。

□(2) ②（　　　　　）性の水溶液を青色のリトマス紙につけると ③（　　　）色に変わる。

□(3) ④（　　　　　）性の水溶液を赤色のリトマス紙につけると ⑤（　　　）色に変わる。

□(4) 水溶液にBTB溶液を加えると，水溶液が酸性のときは ⑥（　　　）色，中性のときは ⑦（　　　）色，アルカリ性のときは ⑧（　　　）色になる。

□(5) フェノールフタレイン溶液を赤色に変える水溶液の性質は，⑨（　　　　　）性である。

□(6) 塩酸や硫酸は ⑩（　　　　　）性の水溶液，水酸化ナトリウム水溶液や石灰水，アンモニア水は ⑪（　　　　　）性の水溶液である。

□(7) 図の⑫

⑫

リトマス紙

つける

BTB溶液

黄色　　　緑色　　　青色

酸性　　　中性　　　アルカリ性

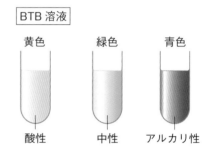

2 酸性，アルカリ性の水溶液と金属との反応

教科書 p.30～33　▶▶②

□(1) 酸性の水溶液にマグネシウムリボンを入れると気体が発生する。気体を集めて ①（　　　）をつけると，ポンと音がして燃えるので，②（　　　）が発生したことがわかる。

□(2) 中性や ③（　　　　　）性の水溶液にマグネシウムリボンを入れても，②は発生しない。

□(3) 酸性の水溶液もアルカリ性の水溶液も電流が流れることから，④（　　　　　）の水溶液であることがわかる。

□(4) 図の⑤～⑥

集めて火を近づける。

気体が発生。

⑤

の水溶液

酸性かアルカリ性か。

⑥

リボン状の金属

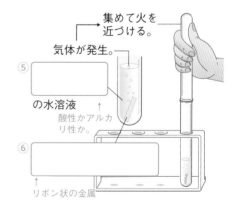

要点
- ●BTB溶液は酸性の水溶液では黄色に，アルカリ性の水溶液では青色になる。
- ●酸性の水溶液にマグネシウムリボンを入れると，水素が発生する。

ぴたトレ
2
練習

第2章　酸，アルカリとイオン(1)

時間
15分

解答
p.4

単元1

化学変化とイオン ── 教科書30〜33ページ

❶ 次のA〜Hの水溶液を用意して，それらの性質を調べた。　▶▶ 1

A　水酸化ナトリウム水溶液　　　　B　アンモニア水
C　硫酸（りゅうさん）　　　　　　　　　　　D　砂糖水
E　酢酸（食酢）（さくさん しょくす）　　　　　　　　F　食塩水
G　石灰水　　　　　　　　　　　H　塩化水素の水溶液

□(1)　Hの，塩化水素の水溶液は，ふつう何とよばれるか。　（　　　　　）

□(2)　緑色のBTB溶液を加えたときに，青色を示す水溶液はどれか。すべて選び，記号で書き
なさい。　（　　　　　）

□(3)　青色のリトマス紙につけたときに，赤色に変わる水溶液はどれか。すべて選び，記号で書
きなさい。　（　　　　　）

□(4)　赤色のリトマス紙につけても青色のリトマス紙につけても，変化が見られない水溶液はど
れか。すべて選び，記号で書きなさい。　（　　　　　）

□(5)　図のような装置で，それぞれの水溶液に電流が流れる
かどうかを調べたときに，電流が流れない水溶液はど
れか。記号で書きなさい。

（　　　　　）

電源装置
豆電球
ステンレス
電極
水溶液
電流計

□(6)　呼気（こき）を緑色のBTB溶液にふきこんだところ，色が黄
色に変わった。次の文は，その理由を説明したもので
ある。空欄（くうらん）の①には気体名を，②には語句を書きなさい。

①（　　　　　）　②（　　　　　）

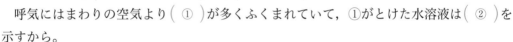

　呼気にはまわりの空気より（　①　）が多くふくまれていて，①がとけた水溶液は（　②　）を
示すから。

❷ 酸の水溶液と金属が反応すると，気体が発生する。　▶▶ 2

□(1)　発生した気体を集めた試験管の口にマッチの火を近づけた。このと
き，どのような現象が起こるか。次の㋐〜㋒から1つ選び，記号で
書きなさい。

（　　　　　）

㋐　マッチの火が消え，気体も燃えない。
㋑　マッチの炎が大きくなり，激しく燃える。
㋒　気体が音を立てて燃える。

□(2)　発生した気体の名称を書きなさい。　（　　　　　）

ヒント　❶ (6) この気体がとけこんでいる水溶液は炭酸水とよばれる。

（　）と□にあてはまる語句，化学式，数字を答えよう。

1 酸・アルカリとイオンの移動

教科書 p.34〜37　▶▶❶

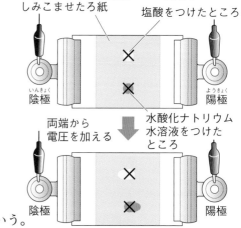

塩化ナトリウム水溶液とBTB溶液を
しみこませたろ紙
塩酸をつけたところ
陰極　陽極
両端から電圧を加える
水酸化ナトリウム水溶液をつけたところ
陰極　陽極

□(1)　塩酸の場合，酸性の性質を示すものの移動にともなって①（　　　　）色に変色した部分が②（　　　　）極側に向かって移動していく。

□(2)　塩酸中での塩化水素の電離のようす
　　　$HCl \longrightarrow$ ③（　　　　）$+ Cl^-$

□(3)　(1)と(2)より，変色した部分が②極側に引かれていることから，塩化水素の電離によって生じたイオンのうち，酸性の性質を示すものは＋の電気を帯びている④（　　　　）であると考えられる。

□(4)　電離して④を生じる化合物を，⑤（　　　　）という。

□(5)　水酸化ナトリウム水溶液の場合，アルカリ性の性質を示すものの移動にともなって⑥（　　　　）色に変色した部分が⑦（　　　　）極側に向かって移動していく。

□(6)　水酸化ナトリウム水溶液中での水酸化ナトリウムの電離のようす
　　　$NaOH \longrightarrow Na^+ +$ ⑧（　　　　）

□(7)　(5)と(6)より，変色した部分が⑦極側に引かれていることから，水酸化ナトリウムの電離によって生じたイオンのうち，アルカリ性の性質を示すものは－の電気を帯びている⑨（　　　　）であると考えられる。

□(8)　電離して⑨を生じる化合物を，⑩（　　　　）という。

2 酸性やアルカリ性の強さ

教科書 p.38〜39　▶▶❷

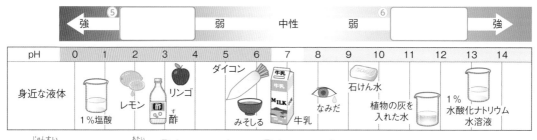

強　⑤□　弱　中性　弱　⑥□　強

pH	0	1	2	3	4	5	6	7	8	9	10	11	12	13	14

身近な液体
1％塩酸　レモン　酢　リンゴ　ダイコン　みそしる　牛乳　なみだ　石けん水　植物の灰を入れた水　1％水酸化ナトリウム水溶液

□(1)　純粋な水のpHの値は①（　　　　）で，②（　　　　）性である。

□(2)　pHの値が①より小さいほど強い③（　　　　）性で，大きいほど強い④（　　　　）性。

□(3)　図の⑤〜⑥

要点
●電離して H^+ を生じる化合物を酸，OH^- を生じる化合物をアルカリという。
●酸性やアルカリ性の強さは，pH の値で表すことができる。

第2章　酸，アルカリとイオン(2)

1 図のような装置をつくり，×印に塩酸をつけてから，両端に電圧を加えた。　▶▶ **1**

□(1) ×印をつけたところに塩酸をつけると，BTB溶液をしみこませたろ紙の色は変色した。何色に変色したか。　（　　　　　　）

□(2) 電圧を加えると，(1)で変色したところは，陽極側・陰極側のどちらに移動していくか。
（　　　　　　）

□(3) (1)でろ紙の色を変化させたイオンは何イオンか。　（　　　　　　）

塩化ナトリウム水溶液とBTB溶液をしみこませたろ紙

塩化ナトリウム水溶液をしみこませたろ紙

陰極　　　　　　陽極

×印

□(4) 記述 この実験で，塩酸のかわりに水酸化カルシウム水溶液を使った場合，BTB溶液をしみこませたろ紙はどのように変色し，変色した部分は陽極側・陰極側のどちらに向かって移動するか。簡潔に書きなさい。
（　　　　　　　　　　　　　　　　　　　　　　　　　　　　　　　　）

2 酸・アルカリはイオンで説明することができる。また，酸性・アルカリ性の強さを表すときに，pH が用いられる。　▶▶ **2**

□(1) 塩化水素(HCl)や硫酸(H_2SO_4)のように，水溶液中で電離して水素イオンを生じる物質を何というか。　（　　　　　　）

□(2) 塩化水素と硫酸の電離を，化学式を用いて表しなさい。
① HCl　⟶　（　　　　　　　　　）
② H_2SO_4　⟶　（　　　　　　　　　）

□(3) 水酸化ナトリウム($NaOH$)や水酸化カリウム(KOH)のように，水溶液中で電離して水酸化物イオンを生じる物質を何というか。　（　　　　　　）

□(4) 水酸化ナトリウムと水酸化カリウムの電離を，化学式を用いて表しなさい。
① $NaOH$　⟶　（　　　　　　　　　）
② KOH　⟶　（　　　　　　　　　）

□(5) 万能 pH 試験紙にリンゴのしぼり汁とダイコンのしぼり汁をつけたとき，pH の値が3に近かったのはどちらか。
（　　　　　　）のしぼり汁

□(6) もっとも強いアルカリ性を示す pH の値を書きなさい。また，その値のときに万能 pH 試験紙が示す色は，赤色・こい青色のどちらか書きなさい。　値（　　　）　色（　　　　　　）

―― ヒント ―― **1** (4) 水酸化カルシウムの化学式は $Ca(OH)_2$ である。

第2章　酸，アルカリとイオン(3)

（　）と □ にあてはまる語句，化学式を答えよう。

1 酸とアルカリの水溶液の混ぜ合わせ

教科書 p.40 〜 43　▶▶①

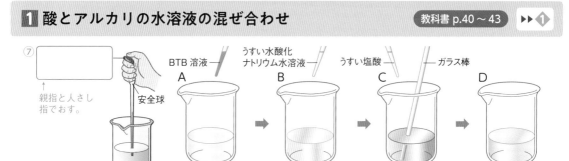

- □(1)　少量の液体を必要な量だけとるときは，①（　　　　　　　）ピペットを使うとよい。
- □(2)　うすい塩酸に BTB 溶液を加えると，②（　　　　）色に変わる（A→B）。
- □(3)　(2)にうすい水酸化ナトリウム水溶液を加えて，混ぜ合わせた水溶液がアルカリ性になると，液の色は③（　　　　）色に変わる（B→C）。
- □(4)　(3)に少量ずつ塩酸を加えてよくかき混ぜると，緑色になるときがあり，そのときの水溶液の性質は④（　　　　）になっている（C→D）。
- □(5)　(4)の水溶液をスライドガラスに1滴とり，水を⑤（　　　　）させて残った物を顕微鏡で調べると，⑥（　　　　　　　　）の結晶であることがわかる。
- □(6)　図の⑦

2 中和

教科書 p.42　▶▶①

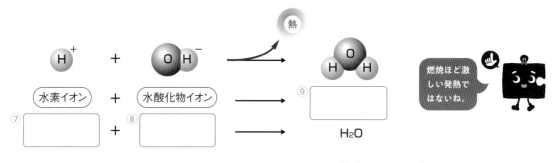

- □(1)　酸とアルカリがたがいの性質を打ち消し合う反応を①（　　　　　　）という。
- □(2)　中和では，酸の②（　　　　　　　）とアルカリの③（　　　　　　　　）が結びついて，④（　　　　）ができる。
- □(3)　中和が起こると⑤（　　　　）が発生して，水溶液の⑥（　　　　　　）が高くなる。
- □(4)　図の⑦〜⑨

> **要点**　●酸とアルカリの水溶液を混ぜると，たがいの性質を打ち消し合う中和の反応が起こる。中和では，酸の H⁺ とアルカリの OH⁻ が結びつき，H₂O ができる。

第2章　酸，アルカリとイオン⑶

1　酸性やアルカリ性を示す水溶液の性質を調べるために，BTB溶液を加えたうすい塩酸(P)にマグネシウムリボンを入れ，図のようなピペットを使って，うすい水酸化ナトリウム水溶液(Q)を少しずつ加え，よく混ぜた。

ゴム球
安全球

□⑴　図のピペットは，何というピペットか。
（　　　　　　　　　　　）ピペット

□⑵　図のピペットの持ち方として正しいものはどれか。次の⑦〜㋛から1つ選び，記号で書きなさい。
（　　　　　　）

 ⑦　 ㋑　 ㋒　 ㋓

□⑶　図のピペットの使い方として適切なものはどれか。次の⑦〜㋓から1つ選び，記号で書きなさい。
（　　　　　　）
　⑦　液体をとるとき，ゴム球をおしてから，ピペットの先を液体に入れる。
　㋑　液体をとるとき，必ず安全球まで液体を吸いこむ。
　㋒　液体が入った状態のときは，ピペットの先を上に向ける。
　㋓　ビーカーに液体を出すときは，ビーカーを傾け，ピペットの先を壁につける。

□⑷　PにBTB溶液を加えると，何色になるか。　　　（　　　　　　）

□⑸　PにQを少しずつ加えていくと，水溶液の色が緑色になった。このときの水溶液は，酸性・中性・アルカリ性のどれか。　　　（　　　　　　）

□⑹　水溶液が⑸のようになったのは，何という反応が進んだからか。　（　　　　　　）

□⑺　⑹の反応では，酸の陽イオンとアルカリの陰イオンが結びついて水ができる。この反応を化学式を用いた式で表しなさい。　　　（　　　　　　　　　　）

□⑻　この実験では気体が発生するのが見られた。気体の発生のようすについて正しく述べているものを，次の⑦〜㋓から1つ選び，記号で書きなさい。　　（　　　　　　）
　⑦　マグネシウムリボンをPに入れたときには気体は発生していなかったが，Qを加えていくほど活発に発生した。
　㋑　マグネシウムリボンをPに入れたときには気体は発生していなかったが，Qをある量以上加えると活発に発生した。
　㋒　マグネシウムリボンをPに入れたときには気体は活発に発生したが，Qを加えるとだんだん発生しなくなった。
　㋓　マグネシウムリボンをPに入れたときには気体は活発に発生し，Qを加えるとさらに活発に発生するようになった。

ヒント　1　⑻水酸化ナトリウム水溶液を加えるほど，酸の性質は弱くなっていく。

（　）と［　　］にあてはまる語句を答えよう。

1 中和と中性

教科書 p.42〜43　▶▶ ❶

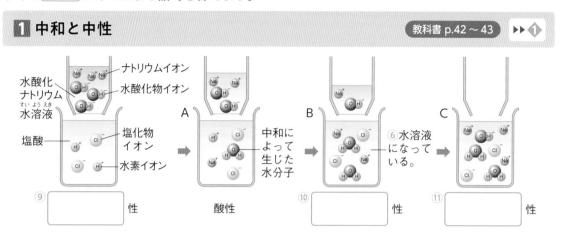

□(1) BTB 溶液を加えた塩酸に水酸化ナトリウム水溶液を加えていくと，加えた
① (　　　　　　　) イオンの量だけ中和が起こる。

□(2) (1)では ② (　　　　　　) の性質が弱まっているが，水溶液が酸性を示す場合は，まだ水溶液
中に ③ (　　　　　) イオンが残っている(A)。

□(3) (1)にさらに水酸化ナトリウム水溶液を加えて，全ての水素イオンが水酸化物イオンと結び
つくと ④ (　　　　) 性の水溶液となり，水溶液の色は ⑤ (　　　) 色になる。このとき，
水溶液は ⑥ (　　　　　　　) 水溶液となっている(B)。

□(4) (3)となった水溶液にさらに水酸化ナトリウム水溶液を加えると ⑦ (　　　　　　) イオン
のはたらきでアルカリ性の水溶液となり，水溶液の色は ⑧ (　　　) 色になる(C)。

□(5) 図の⑨〜⑪

2 中和と塩

教科書 p.43〜44　▶▶ ❷

□(1) 酸の ① (　　　　　) イオンとアルカリの陽イオンが
結びついた物質を ② (　　　) という。

□(2) 塩酸と水酸化ナトリウム水溶液とを混ぜ合わせて
中性にした水溶液を蒸発させた場合，②である
③ (　　　　　　　) の結晶が出てくる。

□(3) 硫酸に水酸化バリウム水溶液を加えて，硫酸バリ
ウムという塩ができるとき，この塩は水にとけな
いため ④ (　　　　　) ができる。

□(4) 塩には ⑤ (　　　) にとけない物質もある。

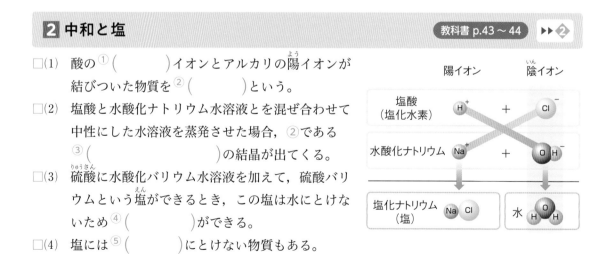

要点

●塩酸に水酸化ナトリウム水溶液を加えていくと，中性になるまで中和が起こる。
●酸の陰イオンとアルカリの陽イオンが結びついてできた物質を塩という。

ぴたトレ
2
練習

第2章　酸，アルカリとイオン(4)

時間
15分

解答
p.6

単元1

化学変化とイオン ─ 教科書42〜44ページ

1 図のAは塩酸，Bは水酸化ナトリウム水溶液をイオンのモデルで表したものである。 ▶▶ **1**

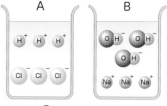

□(1) AとBをよく混ぜ合わせてからBTB溶液を加えたところ，色が緑色になった。混ぜ合わせた水溶液のイオンのようすを表したモデルを次の⑦〜⑤から1つ選び，記号で書きなさい。　（　　　　）

□(2) BTB溶液が緑色になったときのpHの値を整数で書きなさい。　（　　　　）

□(3) 混ぜ合わせた水溶液は，何という物質の水溶液になっているか。（　　　　）

□(4) 記述 AとBを混ぜ合わせた後の水溶液の温度は，混ぜ合わせる前のそれぞれの水溶液の温度に比べてどのようになっているか。簡潔に書きなさい。

（　　　　　　　　　　　　　　　）

□(5) 体積はもとと同じで濃度を2倍にしたAを用意した。Bと混ぜ合わせた後にBTB溶液を加えて緑色になるようにするためには，Bはどのようにするか。次の文の（　）から正しいものを選び，記号を書きなさい。　①（　　　）②（　　　）

　　Bは，体積は①（　⑦もとと同じ　　⑦2倍　）にし，濃度は②（　⑦4倍　　⑦2倍　）にしたものを用意する。

2 次のような実験1・2を行った。 ▶▶ **2**

実験1 水酸化バリウム水溶液に硫酸を加えると，白い沈殿ができた。

実験2 水酸化カリウム水溶液に硝酸を加えても，水溶液は透明なままだった。

□(1) 水酸化バリウムの陽イオンを化学式で表しなさい。　（　　　　）

□(2) 実験1で水溶液中にできた白い沈殿は，水酸化バリウムの陽イオンと硫酸の陰イオンが結びついたものである。この白い沈殿を化学式で表しなさい。　（　　　　）

□(3) アルカリの陽イオンと酸の陰イオンが結びついてできた物質を何というか。（　　　　）

□(4) 実験1では白い沈殿ができたが，実験2では透明なままだったのはなぜか。もっとも適切なものを次の⑦〜⑤から1つ選び，記号で書きなさい。　（　　　　）

　⑦　実験1では化学変化が起きたが，実験2では化学変化は起きなかったから。

　⑦　実験1では固体ができたが，実験2では気体ができたから。

　⑤　実験1では水にとけない物質ができたが，実験2では水にとける物質ができたから。

ヒント ❶ (1) H⁺ とOH⁻ の数に注目する。

ヒント ❷ (2) 水酸化バリウムのバリウムイオンと，硫酸の硫酸イオンが結びついて，硫酸バリウムができる。

第2章　酸，アルカリとイオン

時間30分　／100点　合格70点　解答 p.6

❶ 図のように，ガラス板の上に水道水でしめらせたろ紙を置き，その上に青色リトマス紙A，Bをのせた。次に，うすい塩酸をしみこませた糸をリトマス紙A，Bの間のろ紙の上にのせた。陽極（ようきょく）と陰極（いん）の間に15Vの電圧を加えてから30分ほど経過すると，リトマス紙A，Bのうちの一方が赤色に変わった。 22点

□(1) 記述 ろ紙をしめらせるために水道水を用いたが，精製水（せいせいすい）を用いるのは適切ではない。その理由を簡潔に書きなさい。 思

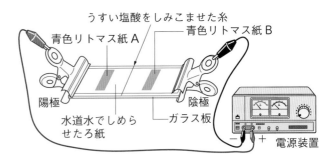

うすい塩酸をしみこませた糸
青色リトマス紙A　青色リトマス紙B
陽極　陰極
水道水でしめら　ガラス板
せたろ紙
電源装置

□(2) 図の実験の結果について正しく述べた文を次の⑦〜⊆から1つ選び，記号で書きなさい。

⑦　塩化物イオンが陽極に向かって移動し，青色リトマス紙Aが赤色に変わった。

⑦　塩化物イオンが陰極に向かって移動し，青色リトマス紙Bが赤色に変わった。

⑦　水素イオンが陽極に向かって移動し，青色リトマス紙Aが赤色に変わった。

⊆　水素イオンが陰極に向かって移動し，青色リトマス紙Bが赤色に変わった。

□(3) 作図 リトマス紙A，Bを赤色リトマス紙に，糸にしみこませる水溶液（すいようえき）を水酸化ナトリウム水溶液にかえて同じように実験した場合，色が変わるリトマス紙をぬりつぶしなさい。 思

❷ よく出る 図のように，試験管にうすい塩酸をとり，マグネシウムリボンを入れたところ，気体が発生した。次に，この試験管にうすい水酸化ナトリウム水溶液を少しずつ加えたところ，気体の発生はだんだん弱まり，やがて発生は止まった。 38点

□(1) 発生した気体は何か。化学式で書きなさい。

□(2) 気体の発生が止まったのは，酸とアルカリの性質を打ち消す化学変化が起こったためである。この化学変化のことを何というか。

□(3) (2)の化学変化を，化学式を用いた式で表しなさい。

□(4) 新しい試験管にうすい水酸化ナトリウム水溶液をとり，BTB溶液を加えてからマグネシウムリボンを入れた。そのあと，うすい塩酸を少しずつ加えていった。

① うすい塩酸を加え始める前，試験管内の液の色は何色を示すか。

② 記述 うすい塩酸を加えた量がある量をこえたところで，マグネシウムリボンからは気体が発生し始めた。その理由を簡潔に書きなさい。 思

③ さらにうすい塩酸を加えると気体の発生が激しくなった。このときの試験管内の液の色は何色か。

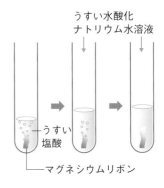

うすい水酸化ナトリウム水溶液

うすい塩酸
マグネシウムリボン

❸ うすい塩酸を 10.0 cm³ とり，BTB 溶液を加えて黄色にした。これに図のように 1.0 cm³ ずつうすい水酸化ナトリウム水溶液を加えていき，8.0 cm³ 加えたところで液の色が緑色になった。さらにうすい水酸化ナトリウム水溶液を 2.0 cm³ 加えると，液の色は青色になった。また，これにうすい塩酸を 1 滴ずつ加えて，再び水溶液の色を緑色にした。

26 点

□(1) この水溶液が最初に中性になったのは，うすい水酸化ナトリウム水溶液を何 cm³ 加えたときか。

□(2) 下線部で，青色になった水溶液を，再び緑色にするには，うすい塩酸をあと何 cm³ 加えればよいか。思

□(3) この実験において，中和が起こっていたのはどのときか。次の⑦〜⊆からすべて選び，記号で書きなさい。

⑦ うすい塩酸に BTB 溶液を加えて黄色の水溶液にしたとき。

④ 黄色の水溶液にうすい水酸化ナトリウム水溶液を加えて緑色になるまで。

⑦ 緑色の水溶液にうすい水酸化ナトリウム水溶液を加えて青色になるまで。

⊆ 青色の水溶液にうすい塩酸を加えて緑色になるまで。

□(4) 緑色の水溶液を 1 滴とり水分を蒸発させると，何という物質が残るか。

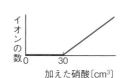
うすい水酸化ナトリウム水溶液
ガラス棒
うすい塩酸 10.0 cm³ と BTB 溶液

❹ 水酸化カリウム水溶液 40 cm³ に BTB 溶液を入れ，硝酸を少しずつ加えると，30 cm³ 加えたところで液が緑色に変わった。それからさらに硝酸を加えた。14 点

□(1) この反応で生じた塩は何か。化学式で書きなさい。

□(2) 水酸化カリウム水溶液に硝酸を加えていったとき，右のグラフのように変化するイオンは何か。化学式で書きなさい。

イオンの数
0   30
加えた硝酸〔cm³〕

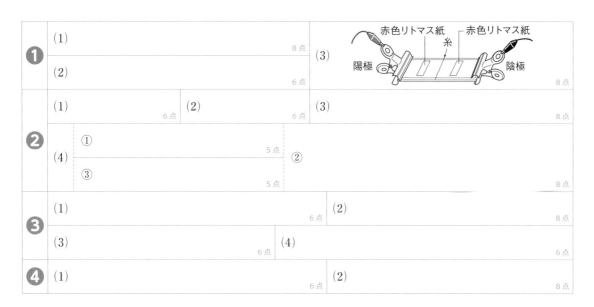

定期テスト予報 塩酸と水酸化ナトリウム水溶液を混ぜ合わせたときのイオンのようすを問われるでしょう。イオンのようすをモデルでつかみ，水溶液の性質や中和と結びつけて理解しておきましょう。

（　）と□□□にあてはまる語句を答えよう。

1 電解質の水溶液の中の金属板と電流

教科書 p.48〜54　▶▶①

□(1) うすい塩酸などの① (　　　　　) の水溶液に種類が
② (　　　　　) 2枚の金属板を入れて導線でつなぐ
と，電流をとり出すことができる。

□(2) どちらの金属板が＋極になるか−極になるかは，金
属板の組み合わせによって決まるが，どの金属板を
組み合わせても，③ (　　　　　) 極では金属板がと
け，④ (　　　　　) 極では気体が発生する。

□(3) 化学変化によって物質のもつ化学エネルギーを電気
エネルギーに変える装置を⑤ (　　　　　) という。

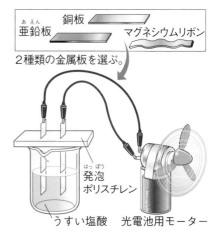

亜鉛板　銅板　マグネシウムリボン
2種類の金属板を選ぶ。
発泡ポリスチレン
うすい塩酸　光電池用モーター

2 金属のイオンへのなりやすさと電池のしくみ

教科書 p.52〜57　▶▶②

□(1) 陽イオンへのなりやすさは，金属の
① (　　　　　) によって異なる。

□(2) 金属を金属の陽イオンをふくむ水溶液に入
れたとき。

・金属A (金属板) が金属B (水溶液) よりも陽
イオンになりやすい場合…金属Aは電子を
金属Bの陽イオンに② (　　　　　) 金属B
は単体となる。

・金属A (金属板) が金属C (水溶液) よりも陽
イオンになりにくい場合…反応しない。

金属Aが金属Bよりも陽イオンになりやすい場合
A　単体
電子　陽イオン
A　陽イオン
B　単体

金属Aが金属Cよりも陽イオンになりにくい場合
A
C＋
陽イオン
A
反応しない　C＋
陽イオン

□(3) 電池を説明したモデル図の③〜⑦

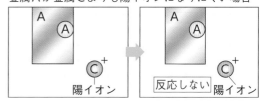

❷ 亜鉛原子から出た電子は，導線を通って銅板へ移動する。

④ □□□□
の向き
−極

⑤ □□□□
水素の発生
＋極

の移動の向き

❸ 銅板の表面で水溶液中の水素イオンが電子を受けとり，
⑥ □□□□ になる。

❶ 亜鉛原子が電子を2個失い，
③ □□□□
となってとけ出す。

Zn²⁺　とける
Zn²⁺
Cl⁻
Cl⁻
H⁺ H⁺
H⁻ H⁻

亜鉛板　うすい塩酸　銅板

❹ ⑥は2個結びついて
⑦ □□□□ となり，
気体として空気中へ出ていく。

要点
●電池は，化学変化で物質の化学エネルギーを電気エネルギーに変換する。
●電池では，陽イオンになりやすい金属が電子をあたえて−極になる。

第3章　化学変化と電池(1)

❶ 図のような装置をつくり，実験を行った。 ▶▶

□(1) 図のようにして，電流をとり出す装置を何と
　　 いうか。　　　　　　　　（　　　　　）

□(2) この装置は，物質がもっている何というエネ
　　 ルギーを，何というエネルギーに変える装置
　　 か。次の文の（　）に適切な語句を書きなさい。
　　　　　①（　　　　　）　②（　　　　　）
　　　 物質がもっている（ ① ）エネルギーを
　　 （ ② ）エネルギーに変える装置。

□(3) 電流が流れる向きは，図の⑦，⑦のどちらか。（　　　　　）

□(4) 記述 この装置で電流をとり出すために，金属板についてはどのようにする必要があるか。
　　 簡潔に書きなさい。（　　　　　　　　　　　　　　　　　　　　）

□(5) この装置のうすい塩酸をエタノール水溶液にかえると，電流はどうなるか。
　　　　　　　　　　　（　　　　　　　　　　　）

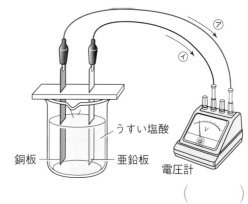

うすい塩酸
銅板　　亜鉛板　　電圧計

**❷ 図は，うすい塩酸と2種類の金属板を用いてつくった電池のしくみを表したモデ
ルである。** ▶▶

□(1) 金属板Aでは金属がとけ出してイオンMができ，金属
　　 板に粒子━が残る。この粒子━は何か。
　　　　　　　　　　　（　　　　　　）

□(2) イオンMは，陽イオン・陰イオンのどちらか。
　　　　　　　　　　　（　　　　　　）

□(3) 粒子━は@の向きに移動して金属板Bに達し，イオン
　　 Qにわたされる。イオンQは，陽イオン・陰イオンの
　　 どちらか。　　　　　（　　　　　　）

□(4) この電池による電流の流れる向きは，図の@・⑥のどちらか。（　　　　　）

□(5) この電池の＋極になっているのは，金属板A，Bのどちらか。（　　　　　）

□(6) イオンQが粒子━を受けとった後の変化について説明した次の文の，（　）にあてはまる語
　　 句や数字を書きなさい。　　①（　　　　）　②（　　　）　③（　　　）
　　　 イオンQが粒子━を受けとると（ ① ）となり，①が（ ② ）個結びついて，（ ③ ）ができ，
　　 気体となって空気中に出ていく。

□(7) 2種類の金属板として，マグネシウムリボンと銅板を用いた場合，金属板Aにあたるのは
　　 どちらの金属板か。　　　　　　　　　　　（　　　　　　　）

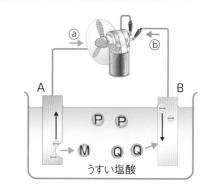

@　　　　⑥
A　　　　　B
Ⓟ Ⓟ
Ⓜ Ⓠ⒬ Q
うすい塩酸

ヒント ❶(3) この装置では，銅板が＋極，亜鉛板が━極になる。
ヒント ❷(7) 陽イオンへのなりやすさによって，＋極になるか━極になるか決まる。銅は塩酸にはとけない。

（　）と□□□にあてはまる語句，記号，化学式を答えよう。

1 ダニエル電池のしくみ

教科書 p.58〜61 ▶▶①

□(1) －極での反応…亜鉛が電子を失って亜鉛イオンになり，水溶液中にとけ出す。

$$Zn \longrightarrow Zn^{2+} + {}^{①}(\qquad)$$

□(2) 亜鉛が失った電子は導線を通り，銅板へと移動するので，亜鉛板は ${}^{②}(\qquad)$ 極。

□(3) ＋極での反応…銅イオンが電子を受けとって，銅になり，銅板の表面に付着する。

$${}^{③}(\qquad) + 2e^- \longrightarrow Cu$$

□(4) セロハン膜がなければ，${}^{④}(\qquad)$ 板と銅イオンが直接ふれてしまい，そこで電子が受けわたされるため，電流は流れない。

□(5) 図の⑤〜⑦

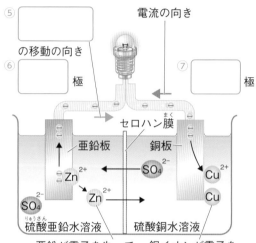

⑤ □□□ の移動の向き
⑥ □□□ 極
⑦ □□□ 極

電流の向き
セロハン膜
亜鉛板　銅板
SO_4^{2-}　Cu^{2+}
Zn^{2+}
SO_4^{2-}　Zn^{2+}　Cu
硫酸亜鉛水溶液　硫酸銅水溶液
亜鉛が電子を失って亜鉛イオンになる。　銅イオンが電子を受けとって銅になる。

2 身のまわりの電池

教科書 p.62〜63 ▶▶②

□(1) マンガン乾電池のように，使うと ${}^{①}(\qquad)$ が低下し，もとにもどらない電池を一次電池という。

□(2) 外部から ${}^{②}(\qquad)$ 向きの電流を流すと低下した電圧が回復し，くり返し使える電池を ${}^{③}(\qquad)$ という。

□(3) ③の電圧を回復させる操作のことを ${}^{④}(\qquad)$ という。

□(4) ${}^{⑤}(\qquad)$ 電池は，水の電気分解とは逆に，水素と酸素が化学変化を起こすときに発生する ${}^{⑥}(\qquad)$ を直接とり出すものである。

□(5) 図の⑦〜⑨

⑦ □□□	マンガン乾電池・アルカリ乾電池・リチウム電池・酸化銀電池・空気電池
二次電池（蓄電池）	鉛蓄電池・ニッケル水素電池・リチウムイオン電池

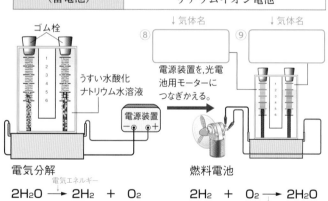

ゴム栓
うすい水酸化ナトリウム水溶液
電源装置
電気分解
$$2H_2O \longrightarrow 2H_2 + O_2$$
電気エネルギー

↓気体名 ⑧ □□□　↓気体名 ⑨ □□□
電源装置を,光電池用モーターにつなぎかえる。
燃料電池
$$2H_2 + O_2 \longrightarrow 2H_2O$$
電気エネルギー

要点
● ダニエル電池では，亜鉛板が－極，銅板が＋極になる。
● 燃料電池で電気エネルギーをとり出すと水ができる。

第3章　化学変化と電池⑵

❶ 図のような装置をつくり，実験を行った。

□(1) 亜鉛板と銅板で起こっている反応を化学反応式で表しなさい。ただし，電子1個を e⁻ で表すものとする。

亜鉛板(　　　　　　　)
銅板(　　　　　　　)

□(2) この電池で，銅板は＋極と−極のどちらか。

(　　　　　　)

□(3) 素焼きの容器のはたらきについて説明した次の文の，(　)にあてはまる語句を書きなさい。

①(　　　) ②(　　　) ③(　　　)

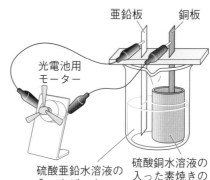

亜鉛板　銅板
光電池用モーター
硫酸亜鉛水溶液の入ったビーカー
硫酸銅水溶液の入った素焼きの容器

　素焼きの容器がなければ，亜鉛板と(①)イオンが直接ふれてしまう。亜鉛板と①では，(②)の方がイオンになりやすいので，②は(③)を失う。②が失った③を①イオンが受けとって①になる。このように，亜鉛板上で③の受けわたしが起こり，導線を③が流れなくなるので，電流は流れなくなってしまう。

❷ 身のまわりの電池や燃料電池について調べた。

□(1) 次の⑦〜㊤から，一次電池をすべて選び，記号で書きなさい。 (　　　　　　　　)

　⑦　酸化銀電池　　⑦　ニッケル水素電池　　⑦　鉛蓄電池　　㊤　アルカリ乾電池

□(2) 充電することでくり返し使うことができる電池を，(1)の⑦〜㊤からすべて選び，記号で書きなさい。 (　　　　　　　　)

□(3) 図1のように水酸化ナトリウム水溶液を電気分解したあと，図2のように電源装置をはずして光電池用モーターにつなぎかえたところ，モーターが回った。図2で起こっている化学変化について，化学反応式を書きなさい。

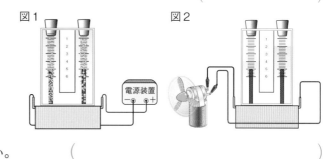

図1　電源装置
図2

(　　　　　　　　　　)

□(4) 図2の光電池用モーターの回り方について，次の⑦，⑦で正しく述べている方の記号を書きなさい。 (　　　　　)

　⑦　ちょっと回ったが，すぐに止まってしまった。

　⑦　電気分解でできた気体がほとんどなくなるまで，回り続けた。

ミスに注意 ❶ (1) 電子の係数に注意する。

ヒント ❷ (3) 水素が酸化するときに発生する電気エネルギーを直接とり出している。

第3章　化学変化と電池

① 銅，マグネシウム，亜鉛の3種類の金属片を，銅，マグネシウム，亜鉛の3種類の金属イオンをふくむ水溶液にそれぞれ入れてしばらくの間，反応のようすを観察したところ，結果は表のようになった。 48点

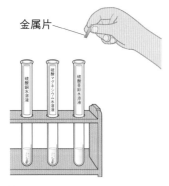

金属片

金属片	金属イオンをふくむ水溶液		
	硫酸銅水溶液	硫酸マグネシウム水溶液	硫酸亜鉛水溶液
銅	反応しなかった。	X	反応しなかった。
マグネシウム	赤色の物質が付着した。	反応しなかった。	黒色の物質が付着した。
亜鉛	Y	反応しなかった。	反応しなかった。

□(1) 表のXとYにあてはまるものを，それぞれ㋐～㋒から選びなさい。

　㋐　赤色の物質が付着した。

　㋑　黒色の物質が付着した

　㋒　反応しなかった。

□(2) 硫酸銅水溶液にマグネシウム片を入れてしばらく置いておくと，マグネシウム片の表面には_A赤色の物質が付着し，_B水溶液の青色はうすくなっていった。

　① 硫酸銅水溶液は水溶液中でどのように電離しているか。化学式を用いた式で表しなさい。

　② 下線部Aの物質は何か。名称を書きなさい。

　③ 記述 硫酸銅水溶液の青色は，銅イオンによるものである。下線部Bのようになったのは，水溶液中の銅イオンがどのようになったためか。理由を簡潔に書きなさい。思

□(3) 銅，亜鉛，マグネシウムのイオンへのなりやすさの関係はどのようになっていると考えられるか。次の㋐～㋗から正しいものを1つ選び，記号で書きなさい。思

　㋐　銅＜亜鉛＜マグネシウム　　㋑　銅＞亜鉛＞マグネシウム

　㋒　亜鉛＜銅＜マグネシウム　　㋓　亜鉛＞銅＞マグネシウム

　㋔　銅＜亜鉛＝マグネシウム　　㋕　銅＞亜鉛＝マグネシウム

　㋖　亜鉛＝銅＝マグネシウム　　㋗　亜鉛＞銅＝マグネシウム

□(4) 右の図のように，硝酸銀水溶液に銅線を入れると，銅線の表面に銀の結晶が付着する。硝酸銀は水溶液中で，次のように電離する。銀の陽イオンへのなりやすさは銅と比べてどのようになっていると考えられるか。次の㋐～㋒から正しいものを1つ選び，記号で書きなさい。思

$$AgNO_3 \longrightarrow Ag^+ + NO_3^-$$

　㋐　銅＞銀　　㋑　銅＜銀　　㋒　銅＝銀

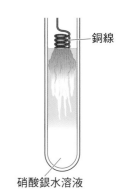

銅線

硝酸銀水溶液

　成績評価の観点　技…観察・実験の技能　思…科学的な思考・判断・表現

よく出る ❷ 図のようなダニエル電池用水槽を用意し，硫酸亜鉛水溶液に亜鉛板，硫酸銅水溶液に銅板をそれぞれ入れ，電子オルゴールにつなぐと，電子オルゴールの音が鳴った。

24点

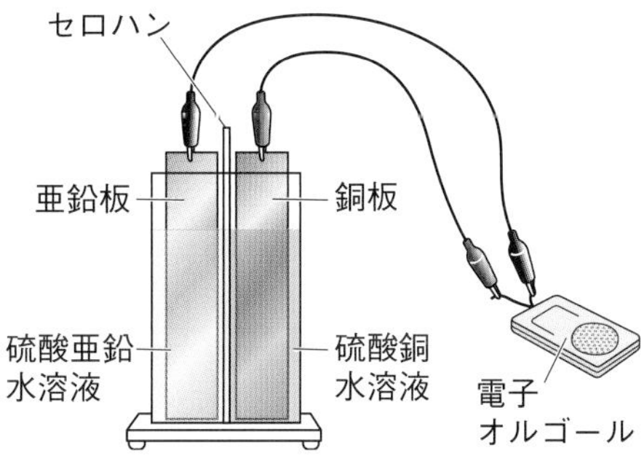

□(1) ＋（プラス）極は銅板と亜鉛板のどちらか。

□(2) 亜鉛板で起こる反応を式で表したものとして，正しいものを次の㋐～㋓から１つずつ選び，記号で書きなさい。ただし，e^- は電子１つを表している。

㋐ $Zn \longrightarrow Zn^{2+} + 2e^-$

㋑ $Zn + 2e^- \longrightarrow Zn^{2+}$

㋒ $Zn^{2+} + 2e^- \longrightarrow Zn$

㋓ $Zn^{2+} \longrightarrow Zn + 2e^-$

□(3) しばらく電流を流したあと，亜鉛板と銅板の質量は，実験前と比べてどうなるか。思

❸ 身のまわりの電池について調べた。

28点

□(1) マンガン乾電池（かんでんち）のように，使うと電圧が低下して，もとにもどらない電池を何というか。

□(2) 次の㋐～㋕から，(1)の電池にあてはまるものをすべて選び，記号で書きなさい。

㋐ アルカリ乾電池　㋑ リチウム電池　㋒ リチウムイオン電池

㋓ マンガン乾電池　㋔ 鉛蓄（なまりちく）電池　㋕ ニッケル水素電池

□(3) 右の図のような化学変化を利用して電気エネルギーをとり出す電池を何というか。

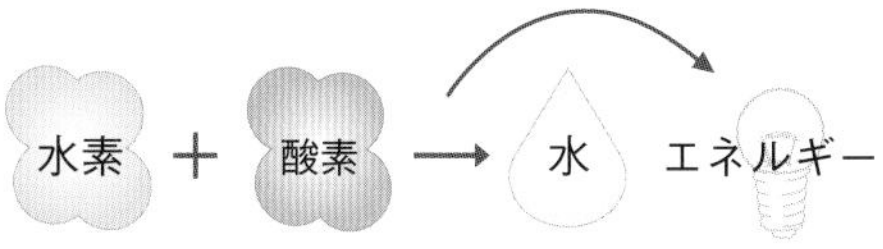

□(4) 記述 (3)の電池は環境（かんきょう）に対する悪影響（あくえいきょう）が少ないと考えられている。それはなぜか。発生するものを考えて，簡潔に書きなさい。思

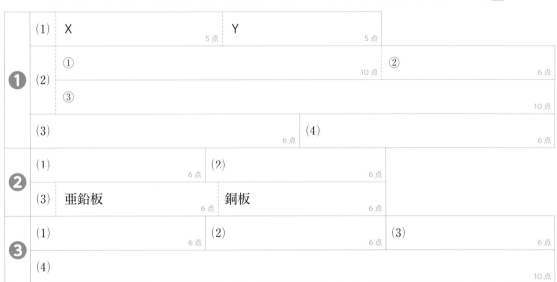

❶	(1)	X　5点	Y　5点
❶	(2)	①　10点	②　6点
❶	(2)	③　10点	
❶	(3)　6点	(4)　6点	
❷	(1)　6点	(2)　6点	
❷	(3)	亜鉛板　6点	銅板　6点
❸	(1)　6点	(2)　6点	(3)　6点
❸	(4)　10点		

定期テスト予報 金属板を金属の陽イオンをふくむ水溶液に入れたときの反応が出題されやすいでしょう。イオンのなりやすさと電池の＋極と－極の関係をしっかりつかんでおきましょう。

（　）と□□□にあてはまる語句を答えよう。

1 生物の成長と細胞の変化

教科書 p.78 ～ 83　▶▶ ❶

□(1)　1個の細胞が2つに分かれて2個の細胞になる
　　　ことを①（　　　　　　）という。

□(2)　①が起こるときに細胞内に見られるひものよう
　　　なものを②（　　　　　　）という。②には生物
　　　の形質を決める③（　　　　　　）がある。

□(3)　からだをつくる細胞の細
　　　胞分裂のことを，特に
　　　④（　　　　　　）と
　　　いう。

分裂後の細胞が大きくなることで成長するんだね。

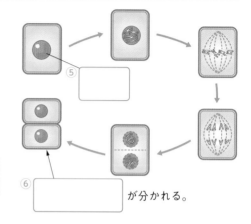

⑥（　　　　　　）が分かれる。

□(4)　図の⑤，⑥

2 無性生殖・被子植物の有性生殖

教科書 p.84 ～ 89　▶▶ ❷

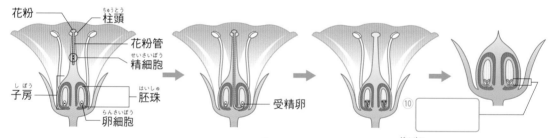

花粉　柱頭　花粉管　精細胞　子房　胚珠　卵細胞　受精卵　⑩

□(1)　生物が新しい個体(子)をつくることを①（　　　　　　）といい，受精を行わない①のことを
　　　②（　　　　　　）という。

□(2)　被子植物では，柱頭についた花粉から柱頭の内部へと③（　　　　　　）がのびる。

□(3)　③の中にある④（　　　　　　）は，胚珠の中にある⑤（　　　　　　）まで運ばれる。

□(4)　④と⑤の核が合体することを⑥（　　　　　　）といい，できた細胞を⑦（　　　　　　）とい
　　　う。⑥によって子をつくる生殖を⑧（　　　　　　）という。

□(5)　⑦は胚珠の中で細胞分裂をくり返して⑨（　　　　　　）になる。胚珠全体は種子になる。

□(6)　図の⑩

胚珠と胚のちがいに注意しよう。
胚珠は，受精後に発達して種子になるところだよ。
胚は種子の中にあって受精卵が細胞分裂をくり返してできるよ。胚は，将来，植物のからだになるよ。

要点
●細胞分裂が起こるときに核の中に染色体が現れる。
●被子植物は花粉管の中の精細胞と胚珠内の卵細胞が受精する有性生殖を行う。

第1章 生物の成長と生殖(1)

1 細胞の分裂を調べるため，次の観察を行った。 ▶▶ **1**

観察 1. タマネギの根の先端を切りとり，図1のような塩酸処理をしたあと，プレパラートをつくった。

2. 顕微鏡で観察し，分裂のようすがわかる細胞をスケッチした。

□(1) 図1で，タマネギの根を塩酸の中であたためるのはなぜか。次の文の（ ）に入ることばを書きなさい。

細胞のひとつひとつを（　　　　　　　）して，観察しやすくするため。

□(2) 図2は観察2のスケッチである。ⓐのひも状のものにある，生物の形質を決めるもとになるものを何というか。（　　　　　　）

□(3) 図2のⓐ〜ⓔを細胞分裂の順に並べると，ⓐの次にくるものはどれか。ⓑ〜ⓔから1つ選び，記号で書きなさい。（　　　　）

図1

うすい塩酸
根の先端部分
約60℃の湯

図2

ⓐ ⓑ
ⓒ ⓓ ⓔ

2 図は，被子植物の有性生殖について模式的に表したものである。次の文は，図の(1)〜(7)のようすを説明している。文の（ ）に入る適切なことばを，下のⓐ〜㋟から選び，記号で書きなさい。ただし，同じことばを何回使ってもよい。 ▶▶ **2**

□(1) （　　　　）がめしべの先につき，（　　　　）する。

□(2) 柱頭の内部へと（　　　　）がのびていく。

□(3) （　　　　）の中を（　　　　）が運ばれていく。

□(4) （　　　　）の核と（　　　　）の核が合体して，（　　　　）となる。

□(5) （　　　　）は（　　　　）をくり返して（　　　　）になる。

□(6) 胚珠全体が発達して（　　　　）になる。

□(7) （　　　　）が発芽する。

㋐ 細胞分裂	㋑ 発生	㋒ 生殖
㋓ 花粉	㋔ 花粉管	㋕ 胚
㋖ 胚珠	㋗ 種子	㋘ 芽ばえ
㋙ 精細胞	㋚ 卵細胞	㋛ 受精卵
㋜ 受粉		

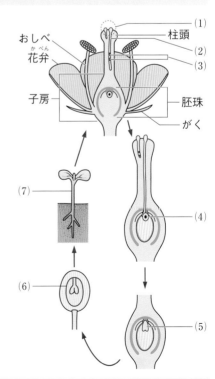

おしべ
花弁
子房

柱頭
(1)
(2)
(3)

胚珠
がく

(7)
(6)
(5)
(4)

ヒント **1** (1) 塩酸は細胞壁どうしを結びつけている物質をとかす。

第1章　生物の成長と生殖(2)

( )と□□□にあてはまる語句を答えよう。

1 動物の有性生殖

教科書 p.86〜89

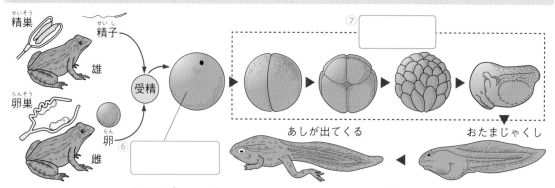

精巣
精子
雄
卵巣
卵
雌
受精
⑥
⑦
あしが出てくる
おたまじゃくし

□(1) 動物の2種類の生殖細胞は，雌がつくる①( )と，雄がつくる②( )である。

□(2) 動物では，受精卵が細胞分裂を始めてから自分で食物をとることができる個体になる前までを③( )という。③はさらに細胞の数をふやして，組織や④( )がつくられる。

□(3) 受精卵が胚になり，個体としてのからだが完成していく過程を⑤( )という。

□(4) 図の⑥，⑦

2 染色体の受けつがれ方

教科書 p.90〜92

□(1) 無性生殖では，①( )分裂によって子がつくられる。細胞が分裂する前に②( )が複製され，それぞれ2個の細胞に分けられる。

□(2) 有性生殖で生殖細胞がつくられるときには，③( )という特別な細胞分裂が行われ，生殖細胞の染色体の数は分裂前の④( )になる。

□(3) 有性生殖では，子の形質は両方の親の⑤( )によって決まる。

□(4) 無性生殖における親と子のように，起源が同じで，同一の遺伝子をもつ個体の集団を⑥( )という。

無性生殖
核
細胞
染色体
分裂
有性生殖
親
親
生殖細胞
分裂
受精
子

要点
●動物では，雌の卵と雄の精子の核が合体して受精卵ができる。
●生殖細胞は減数分裂をしてできるので，染色体の数が分裂前の半分である。

1 動物の生殖について調べた。　▶▶ **1**

□(1) 次の文の( )に入る適当なことばを，下の㋐〜㋕から選び，記号で書きなさい。

①( )　②( )　③( )　④( )　⑤( )

多くの動物には，雌と雄の区別がある。雌のからだには卵をつくる(①)があり，雄のからだには精子をつくる(②)がある。カエルの場合，雄が出した精子が，雌がうんだ卵にたどりつき，精子の核と卵の核が合体する。これを(③)といい，こうして(④)ができる。このように，雌と雄がかかわって子ができるふえ方を(⑤)という。

㋐　精巣　　㋑　卵巣　　㋒　有性生殖　　㋓　無性生殖
㋔　受精　　㋕　受精卵　　㋖　生殖細胞

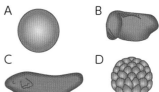

□(2) 図は，ヒキガエルの受精卵からおたまじゃくしになる前までのそれぞれの時期の形を示している。図のA〜Dを発生の順に記号を並べなさい。

( )→( )→( )→( )

□(3) 雌と雄がかかわらないふえ方でふえることができる動物にあてはまるものを，次の㋐〜㋕からすべて選び，記号で書きなさい。( )

㋐　イソギンチャク　　㋑　ハト　　㋒　アメーバ
㋓　ワニ　　㋔　メダカ

2 図は，生殖細胞の細胞分裂を模式的に示したものである。　▶▶ **2**

□(1) 細胞分裂Aでは，染色体の数がもとの細胞の半分になっている。このような分裂を何というか。( )

□(2) 図のBは，雌雄（しゆう）の生殖細胞が合体して，1つの細胞になることを示している。これを何というか。( )

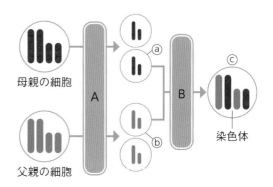

□(3) ⓐ・ⓑ・ⓒの細胞の染色体の数にはどのような関係があるか。次の㋐〜㋕から1つ選び，記号で書きなさい。( )

㋐　ⓐ＞ⓑ＞ⓒ　　㋑　ⓐ＝ⓑ＝ⓒ
㋒　ⓐ＜ⓑ＜ⓒ　　㋓　ⓐ＞ⓑ＝ⓒ
㋔　ⓐ＝ⓑ＞ⓒ　　㋕　ⓐ＜ⓑ＝ⓒ
㋖　ⓐ＝ⓑ＜ⓒ

ヒント　**1** (3) 雌と雄がかかわらないふえ方とは，受精を行わない無性生殖ということ。

ぴたトレ **3**
確認テスト

第1章　生物の成長と生殖

時間30分 ／100点
合格70点
解答 p.10

① 図1は，タマネギの根がのびて約 20 mm になったとき，先端から等間隔に印を
つけたようすを表している。図2は，その根が約 40 mm にのびたときのようす
を模式的に示したものである。

15 点

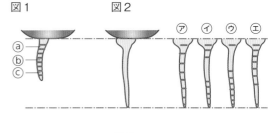

□(1) 図2のとき，印の間隔はどうなったか。
もっとも適切なものを図2の⑦～⊕から
選び，記号で書きなさい。

□(2) 図3は，図1のⓐ～ⓒの部分の細胞の大
きさのちがいを模式的に示したものであ
る。正しいものを図3の⑦～⊕から選び，
記号で書きなさい。

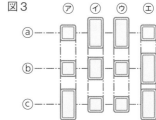

□(3) 根の先端部分を切りとり，染色してプレパラートをつくって
顕微鏡で観察したところ，細胞の中に染色液に染まったひも
状のものが見えた。ひも状のものの名称を書き，正しく説明
しているものを次の⑦～⊕から1つ選び，記号で書きなさい。

⑦　生物の種類にかかわらず，数は同じである。

④　根の細胞にはあるが，葉や茎の細胞にはない。

⑦　細胞が分裂するたびに，数は半分になっていく。

⊕　もとの細胞と分裂後の細胞で，数も内容も同じである。

② 図は，ある被子植物の花のつくりを模式的に示したものである。

34 点

□(1) 花粉はめしべの先につくと，胚珠まで何をのばすか。

□(2) 記述 (1)がのびるようすを顕微鏡で観察したい。スラ
イドガラス上で固めた寒天に花粉を散布して，プレ
パラートをつくってから観察する間，特に気をつけ
ることは何か。簡潔に書きなさい。技

□(3) 精細胞の核と卵細胞の核が合体することを何というか。

□(4) 分裂をくり返した受精卵を何というか。

□(5) 受精卵が成長して，個体としてのからだのつくりが完成してい
く過程のことを何というか。

□(6) サツマイモのいもを地中に植えると，新しい個体として芽や根
を出して成長する。このように，植物がからだの一部から新個
体をつくる無性生殖のことを何というか。

□(7) 記述 有性生殖と無性生殖では，形質の伝わり方にちがいがみられる。どのようにちがうか，
簡潔に書きなさい。思

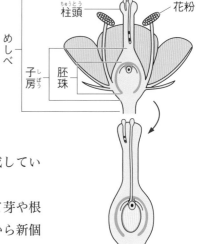

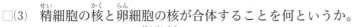

③ 右の図は，カエルの受精について表している。　37点

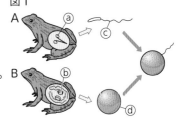

図1

□(1) 雄（おす）は図1のA，Bのどちらか。

□(2) 図1の@〜@の名称を書きなさい。

□(3) 図1の©や@のように，子をつくるための細胞を何というか。

□(4) 雄と雌（めす）がかかわって子ができるふえ方を何というか。

□(5) 記述 図2は，©と@が合体してできた細胞⑦が，⑦のように変化したようすを表している。このとき，⑦と⑦の大きさを比べるとどうなっているか。簡潔に書きなさい。[思]

□(6) 生殖細胞にある，それぞれの形質（けいしつ）を伝えるものを何というか。

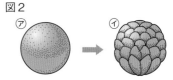

図2

④ 図は，生殖細胞と染色体の関係を模式的に示したものである。　14点

□(1) 図のAは細胞分裂で，染色体の数がもとの細胞の半分になる。このような細胞分裂を何というか。

□(2) 作図 ©の○は図のBで@と⑥が合体してできた子の細胞を表す。○の中に子の細胞の染色体のようすをかき入れなさい。[思]

□(3) ジャガイモの場合，受精を行わずにできたいもから芽や根が出て，個体をふやすことができる。このような同一の遺伝子（いでんし）をもつ個体の集団を何というか。

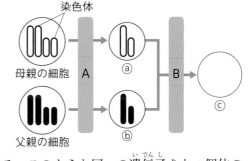

単元2 生命の連続性 ― 教科書77〜92ページ

❶	(1) 3点	(2) 4点	(3) 名称		4点	記号	4点
❷	(1) 4点		(2)				6点
	(3) 4点	(4) 4点		(5) 4点		(6)	4点
	(7)						8点
❸	(1) 3点	(2) @ 4点	⑥ 4点		© 4点	@	4点
	(3) 4点		(4)				4点
	(5) 6点		(6)				4点
❹	(1) 4点		(2)				6点
	(3) 4点						

定期テスト予報　細胞が分裂するときのようすや受精卵の変化の問題がよく出題されます。
細胞分裂での細胞の変化の順序や，カエルの受精卵の発生の過程を覚えておきましょう。

第2章　遺伝の規則性と遺伝子⑴

時間 **10**分　解答 p.10

（　）と［　　　］にあてはまる語句，数字，記号を答えよう。

1 遺伝の規則性を調べる実験

教科書 p.96〜98　▶▶**①**

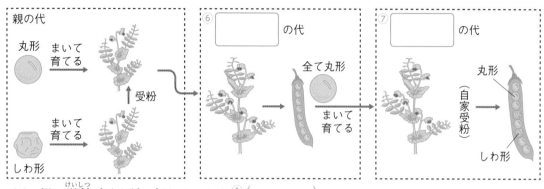

□(1)　親の形質が子や孫に伝わることを①（　　　　　　）という。

□(2)　花粉が同じ個体のめしべについて受粉することを②（　　　　　　）という。

□(3)　親，子，孫と何代も②をくり返しても，その形質が全て親と同じである場合，これらを
③（　　　　　　）という。

□(4)　ある形質がどちらか一方しか現れないような，対をなす形質を④（　　　　　　）という。
（④の例：エンドウの種子の形の，丸形としわ形など。）

□(5)　子の代には現れなかった形質が，⑤（　　　　　　）の代で現れることがある。

□(6)　図の⑥，⑦

2 分離の法則

教科書 p.99　▶▶**②**

□(1)　生物のからだをつくる細胞には，同じ形や大きさの染色体が①（　　　　）本（1対）ずつある。

□(2)　丸形を現す遺伝子をA，しわ形を現す遺伝子をaとすると，(1)より，丸形の純系の遺伝子の組み合わせは②（　　　　　　），しわ形の純系の遺伝子の組み合わせは③（　　　　　　）と表すことができる。

□(3)　減数分裂のとき，対になっている遺伝子は分かれて別々の生殖細胞に入る。この法則を④（　　　　　　）という。

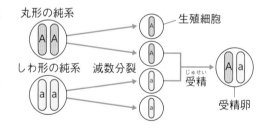

丸形の親からできる生殖細胞の遺伝子はAで，しわ形の親からできる生殖細胞の遺伝子はa。だから，受精した場合，遺伝子の組み合わせは「Aa」にしかならないね。

要点
●対をなす形質を対立形質といい，子に現れない形質も孫に現れることがある。
●対をなす遺伝子は，減数分裂のときに，分かれて別々の生殖細胞に入る。

1 それぞれ自家受粉させてきた代々丸形の種子をつくるエンドウと，代々しわ形の
種子をつくるエンドウを交配させた。 ▶▶ **1**

□(1) 代々同じ形質を受けつぎ，常に親と同じ形質をもつものを何というか。

（　　　　　　　）

□(2) 丸形の種子という形質に対して，しわ形の種子という対になる形質を，たがいに何形質と
いうか。 （　　　　　　　）

□(3) 記述 代々丸形の種子をつくるエンドウと，代々しわ形の種子をつくるエンドウを交配させ
た結果，できた種子は全て丸形の種子であった。この種子をまいてエンドウの花をさかせ，
自家受粉させた。このとき，できた種子の形はどのような割合でできるか。簡潔に書きな
さい。

（　　　　　　　　　　　　　　　　　　　　）

2 図は，エンドウの種子の形の遺伝を示したものである。 ▶▶ **2**

□(1) 生殖細胞がつくられるとき，染色体の数
が半分になる細胞分裂が行われる。この
ような細胞分裂を何というか。

（　　　　　　　）

□(2) (1)のときに，対になっている遺伝子が分
かれて別々の生殖細胞に入ることを何の
法則というか。 （　　　　　　　）

□(3) 生殖細胞が受精したあと，受精卵の染色
体の数は次の⑦〜⓪のどれと等しいか。
1つ選び，記号で書きなさい。

（　　　　　　　）

⑦ 親の細胞の染色体の数
⑦ 親の細胞の染色体の2倍の数
⑦ 卵細胞の染色体の数
⓪ 精細胞の染色体の数

丸形　　　　　　　　丸形
Aa　親の細胞　Aa

卵細胞　　　　　精細胞
A　a　　A　a

⑦　　⑦　　⑦　　⓪
AA

子の細胞

□(4) 図で，Aは丸形の形質の遺伝子，aはしわ形の形質の遺伝子である。子の細胞⑦〜⓪の遺
伝子の組み合わせを書きなさい。　⑦（　　　　）⑦（　　　　）⓪（　　　　）

□(5) 図で，⑦〜⓪の種子の形について，それぞれ書きなさい。

⑦（　　　　）⑦（　　　　）⑦（　　　　）⓪（　　　　）

ヒント **1** (3)対になる形質の遺伝子の両方が子に受けつがれた場合，子に表れる形質を顕性形質という。

( )と□にあてはまる語句，記号，数字を答えよう。

1 孫に現れる形質，遺伝子の本体，遺伝子に関する研究　教科書 p.99～107　▶▶ ①

□(1) 対立形質のそれぞれについての純系を交配した
とき，子に現れる形質を ①(　　　　　)，
子に現れない形質を ②(　　　　　)という。

□(2) エンドウで，種子の形を丸形にする純系のもの
と，しわ形にする純系のものを交配させると，
子の種子の形は全て丸形になる。したがって，
①は種子を ③(　　　　　)にする形質で，②
は種子を ④(　　　　　)にする形質である。

□(3) 子の遺伝子の組み合わせは全て Aa になり，子
どうしを交配させると，孫の遺伝子の組み合わ
せは ⑤(　　　　)，⑥(　　　　)，aa の3通
りになる。

□(4) ⑤と⑥の遺伝子をもつ種子の形はどちらも③に
なり，aa の遺伝子をもつ種子の形は④になる。
また，③の種子と④の種子の数の比は，およそ
⑦(　　　　)：1となる。

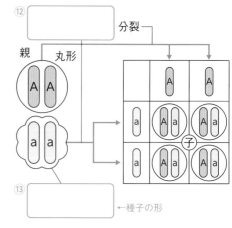

⑫
親　丸形　分裂
子
⑬
←種子の形

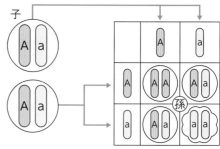

子
孫

□(5) 遺伝子は親から子，子から孫へと受けつがれて
伝わっていくが，長い間には遺伝子に変化が起
こり，⑧(　　　　　)が変わることがある。

□(6) 遺伝子は染色体の中に存在していて，その本体
は ⑨(　　　　　)(デオキシリボ核酸)という
物質である。

□(7) 農作物では，有用な形質を現す品種ができるま
で，何代にもわたって ⑩(　　　　　)をくり返
して品種改良を行っていた。この方法では，そ
のような品種を得るまでに長い時間がかかる。

□(8) 近年では，⑪(　　　　　)を操作して，目的
に合った形質をもつ品種をつくり出す研究が進
み，比較的短時間で品種改良ができるようになった。

□(9) 図の⑫，⑬

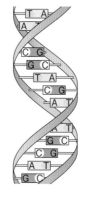

DNA は左の図のように，2本のリボンのようなものが，らせん状に巻きつき合った構造(二重らせん構造)をしているんだね。

| 要点 | ●対立形質の純系どうしを交配させたとき，子に現れる形質を顕性形質，現れない形質を潜性形質という。 |

第2章　遺伝の規則性と遺伝子(2)

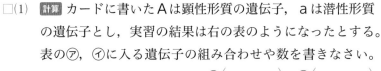

① 次のような遺伝子の組み合わせに関するモデル実習をクラスで行った。　▶▶ 1

実習 1．各自が右の図のような2枚の遺伝子カードをつくる。

2．遺伝子カードを自分のふくろに入れ，2人で1グループになる。

3．ふくろの中を見ないで，自分のふくろから同時に遺伝子カードを1枚ずつとり出し，遺伝子カードの組み合わせをつくる。

4．遺伝子の組み合わせを記録したら，遺伝子カードをふくろにもどす。

5．3・4の作業を50回くり返す。

□(1) 計算 カードに書いたAは顕性形質の遺伝子，aは潜性形質の遺伝子とし，実習の結果は右の表のようになったとする。表の⑦，⑦に入る遺伝子の組み合わせや数を書きなさい。

⑦（　　　　　）⑦（　　　　　）

□(2) 遺伝子の組み合わせは3種類でき，実習の結果よりその3種類の組み合わせが出現する割合はどうなるか。最も簡単な整数の比で書きなさい。

AA：Aa：⑦＝（　　　：　　　：　　　）

□(3) 記述 実習の1・2では，2人ともAとaのカードをもっていたが，これを，ひとりはAとAのカード，もうひとりはaとaのカードをもつように方法を変えて，3〜5の手順を行った。その場合，現れる形質はどうなるか。理由をふくめて簡潔に書きなさい。

（　　　　　　　　　　　　　　　　　　　　　　　　　）

表1　あるグループの結果

顕性形質		潜性形質
AA	Aa	⑦
12	25	13
37		13

表2　クラス全体の結果

顕性形質		潜性形質
AA	Aa	⑦
⑦	369	197
553		197

② 何代にもわたり丸形の種子をつくるエンドウと，しわ形の種子をつくるエンドウを親として交配させたところ，子には丸形の種子ばかりできた。次に，子どうしを交配させたところ，孫には丸形の種子としわ形の種子ができた。図は，そのときの種子の形についての遺伝のようすを模式的に表したものである。このとき，丸形の種子をつくる遺伝子をA，しわ形の種子をつくる遺伝子をaとする。　▶▶ 1

□(1) 親の丸形の種子の遺伝子の組み合わせを，遺伝子の記号で書きなさい。　（　　　　　）

□(2) 計算 孫のエンドウの種子の形と数を調べたところ，丸形の種子は5472個，しわ形の種子は1824個であった。メンデルが見いだした遺伝の規則性が成り立つものとした場合，Aaという遺伝子の組み合わせをもつ種子は何個あるといえるか。次の⑦〜⊆から1つ選び，記号で書きなさい。　（　　　　　）

⑦　1824個　⑦　2736個　⑦　3648個　⊆　5472個

□(3) 遺伝子の本体は何という物質か。物質名を書きなさい。　（　　　　　　　　　　）

ヒント　② (2) AA：Aa：aa＝1：2：1の比になることから考える。

親
↓
子
↓
孫

丸形　　しわ形
丸形
丸形　　しわ形
5472個　1824個

（　）と□□□にあてはまる語句を答えよう。

1 セキツイ動物の出現

教科書 p.110〜112　▶▶①

- □(1)　過去の生物の特徴は古い地層で発見される ①（　　　　　）から知ることができる。
- □(2)　セキツイ動物の5つのグループのうち，最も古い年代の地層から化石が見つかったのは ②（　　　　　）である。このことから，地球上に最初に現れたセキツイ動物は②であり，その後，両生類，ハチュウ類，ホニュウ類，③（　　　　　）が現れたと考えられている。
- □(3)　図の④〜⑥

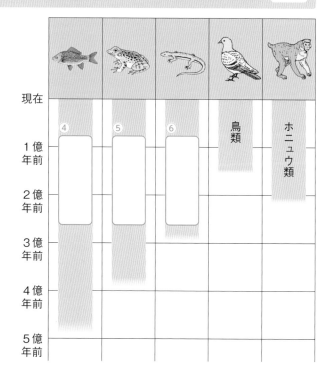

2 生物の進化

教科書 p.112〜113　▶▶②

- □(1)　生物のからだの特徴が，長い年月をかけて代を重ねる間に変化することを ①（　　　　　）という。
- □(2)　陸上生活をするセキツイ動物のグループは，水中生活をする ②（　　　　　）から進化してきたと考えられる。

それぞれの生活場所に適したからだのつくりになっているよ。

- □(3)　図の③〜⑤

	魚類	両生類	ハチュウ類	鳥類	ホニュウ類
背骨の有無	ある				
呼吸器官	えら	えら(幼生) 肺(成体)	③		
子のうまれ方	④				胎生
生活場所	水中		⑤		

要点
●セキツイ動物のうち，地球上に最初に現れたのは魚類である。
●長い年月の間に代を重ね，生物のからだの特徴が変化することを進化という。

第3章　生物の多様性と進化(1)

① **図は，セキツイ動物の化石が発見される地質年代を表している。次の問いに答えなさい。** ▶▶①

□(1) 地球上に最初に現れたセキツイ動物は何類か。
（　　　　　　　）

□(2) 現在からおよそ3億年前に現れたセキツイ動物は何類か。
（　　　　　　　）

□(3) 次の㋐〜㋓の文で，正しいものを選びなさい。
（　　　　　　　）

㋐　両生類とホニュウ類は同時に現れた。

㋑　最もおそく現れたのはハチュウ類である。

㋒　ホニュウ類が現れたとき，鳥類はすでに存在していた。

㋓　魚類の次に現れたのは両生類である。

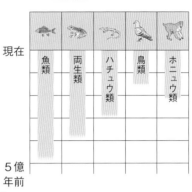

② **表は，セキツイ動物の特徴を比較した表である。次の問いに答えなさい。** ▶▶②

□(1) 表のA〜Cにあてはまる語句を書きなさい。
A（　　　　　）
B（　　　　　）
C（　　　　　）

□(2) 両生類とハチュウ類の卵のようすについて，正しいものを次の㋐〜㋓から選びなさい。
（　　　　　）

㋐　両生類は寒天状のものに包まれた卵をうむので，卵は乾燥に強い。

㋑　両生類とハチュウ類は卵のようすが異なるので，祖先はまったく別のものと考えられる。

㋒　ハチュウ類の卵には殻があり，本来は水中に産卵するのに適している。

㋓　ハチュウ類は殻のある卵をうむことで，陸上での生活に適するように変化してきた。

□(3) 生物のからだの特徴が，長い年月をかけて代を重ねる間に変化することを何というか。
（　　　　　　　）

□(4) セキツイ動物の生活場所は，どこからどこへと広がっていったか。
（　　　　　　から　　　　　　）

	魚類	両生類	ハチュウ類	鳥類	ホニュウ類
背骨の有無	ある				
移動のための器官	ひれ	ひれ(幼生)あし(成体)	あし		
呼吸器官	A	えら(幼生)肺(成体)	B		
子のうまれ方	卵生				C
生活場所	水中	陸上			

ヒント ①(3) グラフが長いものほど現れた時期が早い。

ヒント ②(4) 最初に現れたセキツイ動物は魚類で，その後，両生類，ハチュウ類，ホニュウ類が現れた。

（　）と□□□にあてはまる語句を答えよう。

1 セキツイ動物の進化

教科書 p.114〜115　▶▶❶

□(1) 魚類のユーステノプテロンは，ひれに両生類のあしにあるような
①（　　　　　）があった。また，原始的な両生類の特徴をもつイクチオステガは，ひれの骨がユーステノプテロンより発達して4本の
②（　　　　　）になり，地面を移動することができた。このことなどから，
③（　　　　　）から両生類が進化してきたと推測される。

ユーステノプテロン　イクチオステガ

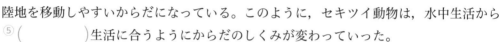

ひれ　あし

始祖鳥　つばさ
⑦ □□□□□ がある。
歯がある。
⑧ □□□□□ でおおわれている。

□(2) 両生類の後に現れたハチュウ類は，両生類よりも④（　　　　　）に強く，陸地を移動しやすいからだになっている。このように，セキツイ動物は，水中生活から
⑤（　　　　　）生活に合うようにからだのしくみが変わっていった。

□(3) 始祖鳥は，鳥類と⑥（　　　　　　　　　）の両方の特徴をもっている(図の⑦，⑧)。このことから，鳥類は⑥から進化してきたと推測される。

2 進化の証拠

教科書 p.116〜119　▶▶❷

□(1) ヒト，クジラ，コウモリの前あしの骨格を比べると，基本的なつくりに共通点がある。このように，現在の形やはたらきは異なっていても，もとは同じ器官であったと考えられるものを①（　　　　　）という。

ヒトのうで　クジラのひれ　コウモリのつばさ

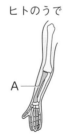 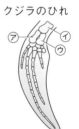 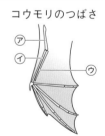

A

□(2) 図のAの骨に相当するのはどれか，クジラとコウモリそれぞれについて図の⑦〜⑨から1つ選び，記号で書きなさい。　クジラ②（　　　）　コウモリ③（　　　）

□(3) 図の例は，現在のホニュウ類が前あしの基本的なつくりが同じである共通の祖先から
④（　　　　　）し，それぞれが生息する⑤（　　　　　）につごうのよい特徴をもつように変化したことを示している。

要点
●陸上生活をするセキツイ動物は，水中生活をする魚類から進化した。
●生物の進化の証拠として，相同器官などをもつ生物の存在があげられる。

1 図は，化石として発見されたある生物の復元図である。この生物は，鳥類とハチュウ類の両方の特徴をもっている。　▶▶ **1**

□(1) これは何という生物か。　（　　　　　　）

□(2) この化石は，今から何年くらい前の地層から発見されたか。次の⑦～㊤から選びなさい。　（　　　　　　）

　　⑦　約35億年前　　　⑦　約10億年前

　　⑦　約1億5000万年前　　　㊤　約3000年前

□(3) この生物の特徴である次の①～④について，ハチュウ類の特徴には◎，鳥類の特徴には△を書きなさい。

　　①　からだ全体が羽毛でおおわれている。　（　　　）

　　②　前あしがつばさになっている。　（　　　）

　　③　つばさの中ほどにつめがある。　（　　　）

　　④　口に歯がある。　（　　　）

□(4) 図のような生物が存在したことから，どのようなことが推測できるか。次の⑦～㊤から選びなさい。　（　　　　　　）

　　⑦　ハチュウ類は，昔は飛ぶことができた。

　　⑦　ハチュウ類は，昔は体温を一定に保つことができた。

　　⑦　鳥類はハチュウ類から進化してきた。

　　㊤　鳥類は両生類から進化してきた。

2 図は，セキツイ動物の前あしにあたる部分を表したものである。　▶▶ **2**

□(1) 次の①，②に適しているものを，それぞれA～Dから選びなさい。

　　①　空中を飛ぶのに適している。

　　　　（　　　）

　　②　水中を泳ぐのに適している。

　　　　（　　　）

A　B　C　D

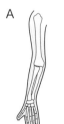 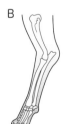 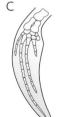 

□(2) コウモリのつばさ，クジラのひれ，ヒトのうではどれか。A～Dからそれぞれ選びなさい。

コウモリのつばさ（　　　）　　　クジラのひれ（　　　）　　　ヒトのうで（　　　）

□(3) これらの器官は，もとは同じ器官と考えられるか，ちがう器官と考えられるか。

　　　　　　　　　　　　　　　　　　　　（　　　　　　　）

□(4) A～Dのように，もとは(3)と考えられるからだの器官を何というか。　（　　　　　　）

ヒント　**1** (4) 2つのグループの特徴をもつ生物の存在は，進化の証拠の1つとしてあげられる。

ヒント　**2** (3) はたらきは異なるが基本的なつくりには共通点がある。

① 丸形の種子をつくる純系としわ形の種子をつくる純系を交配させて子をつくった。その結果，子は全て丸形の種子になった。次に，得られた子の種子をまいて育て，下線部の自家受粉させて孫の種子をつくった。その結果，丸形の種子としわ形の種子の数の比は，3：1であった。

18点

☐(1) 記述 下線部の「自家受粉させて」とはどのようなことをしたのか。簡潔に説明しなさい。

☐(2) 遺伝子の組み合わせを丸形の種子はAA，しわ形の種子はaaとすると，生殖細胞の遺伝子はそれぞれAとaとなる。これは対になっている遺伝子が，減数分裂により別々の生殖細胞に入るからである。この法則を何というか。

☐(3) 得られた孫の種子の遺伝子の組み合わせのうち，Aaの割合はおよそ何％であるか。 思

② 次の表は，メンデルが行ったエンドウの交配実験の結果の一部である。表の「親の形質の組み合わせ」とは，各形質で純系の親どうしを交配することを示している。

38点

形質	親の形質の組み合わせ	子の形質	孫の形質と個体数	
種子の形	丸形×しわ形	丸形	丸形 5474	しわ形 1850
子葉の色	黄色×緑色	黄色	黄色 6020	緑色 2001
花のつき方	葉のつけ根×茎の先端	葉のつけ根	葉のつけ根 651	茎の先端 207
草たけ	高い×低い	高い	高い（X）	低い 277

☐(1) 種子の形を丸形にする遺伝子をA，しわ形にする遺伝子をaとするとき，種子の形が丸形の純系の個体の生殖細胞の遺伝子として適切なものを，次の⑦～⑦から1つ選び，記号で書きなさい。

⑦ A　　④ a　　⑦ AA　　④ Aa　　⑦ aa

☐(2) 計算 表の（X）にあてはまる個体数はおよそいくつと考えられるか。最も適切なものを次の⑦～⑦から1つ選び，記号で書きなさい。なお，草たけについても，表のほかの形質と同じ規則性をもって遺伝することがわかっている。 思

⑦ 200　　④ 400　　⑦ 600　　④ 800　　⑦ 1000

☐(3) 子葉の色を現す遺伝子の組み合わせがわからないエンドウの個体Yがある。個体Yに子葉の色が緑色の個体から成長したエンドウを交配したところ，子葉の色が黄色の個体と，緑色の個体がほぼ同数できた。ただし，黄色にする遺伝子をB，緑色にする遺伝子をbとする。

① 個体Yの子葉の色を現す遺伝子の組み合わせを，遺伝子の記号で書きなさい。 思

② 作図 交配の結果と①から，遺伝子の組み合わせを図で示したい。右の図で，染色体を現すだ円の中に遺伝子の記号を書きなさい。 思

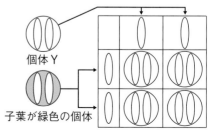

個体Y
子葉が緑色の個体

❸ 図は，イモリとカエルが幼生から成体へ成長したときのからだの変化を示している。

26点

- ☐(1) イモリもカエルも，幼生のときはどこで呼吸をするか。
- ☐(2) イモリやカエルは，セキツイ動物の分類上，何類か。
- ☐(3) (2)は，魚類と比べて陸上生活に合うからだのつくりになっているといえるか。
- ☐(4) 記述 ハチュウ類であるトカゲは，イモリやカエルに比べて，より陸上生活に適している。このことは，ハチュウ類の子のうまれ方(卵のつくり)が両生類と比べてどのような特徴をもっていることからいえるか。簡潔に書きなさい。

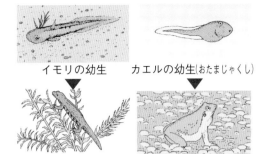

イモリの幼生 　カエルの幼生(おたまじゃくし)

イモリの成体 　　カエルの成体

❹ 図は，セキツイ動物の前あしの骨格を比べたものである。

18点

- ☐(1) クジラの前あしにあたるものはどれか。図のA〜Eから選び，記号で答えなさい。
- ☐(2) 図のように，現在の形やはたらきは異なっていても，もとは同じ器官であったと考えられるものを何というか。

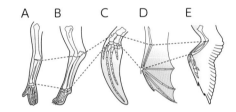

A 　B 　C 　D 　E

- ☐(3) 記述 図から，セキツイ動物はどのように進化してきたことがわかるか。簡潔に書きなさい。

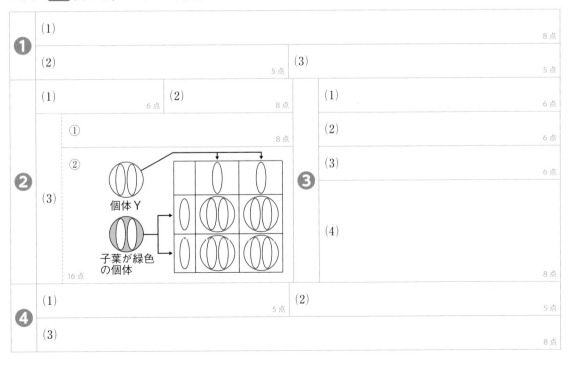

( )と□にあてはまる語句，数字を答えよう。

1 記録タイマーの使い方

教科書 p.134〜137　▶▶❶

□(1) ①( )は，一定の時間間隔で，物体の移動距離を記録テープに打点する器具である。

□(2) ①の打点間隔は，交流の周波数によって変わり，ふつう東日本では1秒間に，②( )回，西日本では1秒間に，③( )回打点する。

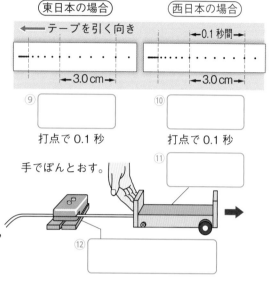

東日本の場合　西日本の場合

←テープを引く向き　←0.1秒間→

←3.0cm→　←3.0cm→

⑨□　⑩□
打点で0.1秒　打点で0.1秒

⑪□

□(3) 水平でなめらかな面の上で，台車を手でおし出すと，手でおし出してから少しした後にほぼ同じ間隔で打点が続く区間が見られる。この区間の打点の1つを基準点として，東日本(1秒間に②回打点)の場合は記録テープを④( )打点ごとに切って並べて方眼紙にはると，横軸は⑤( )，縦軸は⑥( )秒間の移動距離を表す。

手でぽんとおす。

⑫□

□(4) 台車を手でおし出す力を強めると，グラフ2のようになる。このとき，グラフ1(初めにおし出したとき)よりも，物体の動く速さは⑦( )なっている。また，時間とともに移動する距離の割合は，グラフ1よりも⑧( )なっている。

□(5) 図の⑨〜⑬

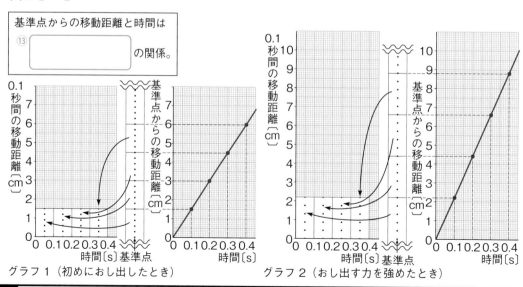

基準点からの移動距離と時間は
⑬□
の関係。

0.1秒間の移動距離〔cm〕　基準点からの移動距離〔cm〕
7　6　5　4　3　2　1　0
0 0.1 0.2 0.3 0.4　時間〔s〕基準点
7　6　5　4　3　2　1
0 0.1 0.2 0.3 0.4　時間〔s〕
グラフ1(初めにおし出したとき)

0.1秒間の移動距離〔cm〕　基準点からの移動距離〔cm〕
10 9 8 7 6 5 4 3 2 1 0
0 0.1 0.2 0.3 0.4　時間〔s〕基準点
10 9 8 7 6 5 4 3 2 1
0 0.1 0.2 0.3 0.4　時間〔s〕
グラフ2(おし出す力を強めたとき)

要点　●台車をおし出す力を強めると，時間とともに移動する距離の割合は大きくなる。

1 記録タイマーを使って，記録テープを手で引き，打点の間隔の変化を調べた。図は，そのときの打点のようすを示したものである。 ▶▶ **1**

□(1) この記録タイマーは，1秒間に50回打点する。何秒ごとに1回打点するか。（　　　　　）

□(2) 記録テープをだんだん速く引いたときの打点のようすはどれか。⑦〜⓪から1つ選び，記号で書きなさい。（　　　）

□(3) 記録テープを5打点ごとに切りとった。このとき，切りとったテープの長さは何を表しているか。
（　　　　　　　　　　　　　　　）

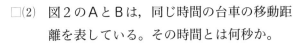

（左端の • 印が引きはじめの打点）

2 図1のように，水平でなめらかな台の上で，記録タイマーに通したテープをつけた台車を手でぽんとおし出し，台車の運動のようすを記録した。なお，この記録タイマーは，1秒間に50回打点する装置とする。 ▶▶ **1**

□(1) 台車をおし出す力を変えて実験したとき，図2のような記録テープが得られた。おし出す力が強かった方は，⑦と⑦のどちらか。
（　　　　　）

□(2) 図2のAとBは，同じ時間の台車の移動距離を表している。その時間とは何秒か。
（　　　　　）

□(3) 記録テープをもとにして，台車の0.1秒間の移動距離と時間の関係を表すグラフをかいた。グラフの形として正しいものは次の@〜@のどれか。1つ選び，記号でかきなさい。
（　　　）

図1

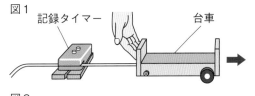

記録タイマー　　　　　　台車

図2

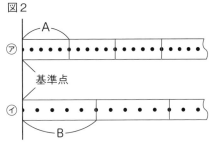

@
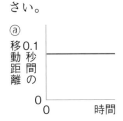

⑥
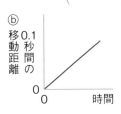

©
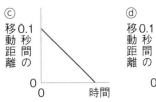

@
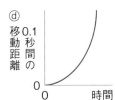

単元3

運動とエネルギー ― 教科書133〜137ページ

ヒント **1** (2) 一定時間ごとに打点されるので，速く引けばその分だけ打点の間隔は大きくなる。
ヒント **2** (3) 記録テープを5打点ごとに切りとり，下をそろえて横に並べたときのことを考えよう。

（　）と□□□にあてはまる語句，記号，数字を答えよう。

1 物体の運動の速さの変化

教科書 p.134〜139　▶▶**❶**

□(1) 物体の速さは，移動した距離をかかった時間で割ることで求められる。（右式の①，②）

$$速さ〔m/s〕=\frac{①}{②}$$

□(2) 速さの単位には，メートル毎秒(記号③(　　　))や④(　　　　　　　)(記号 km/h)などが使われる。

□(3) ある距離を一定の速さで移動したと考えたときの速さを⑤(　　　　　　)といい，自動車などのスピードメーターのように刻々と変化する速さを⑥(　　　　　　)という。

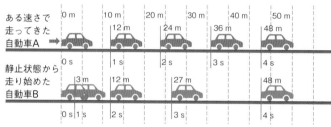

自動車の1秒ごとの運動のようす

時間〔s〕	0	1	2	3	4
自動車Aの位置〔m〕	0	12	24	36	48
自動車Bの位置〔m〕	0	3	12	27	48
自動車Aの平均の速さ〔m/s〕	⑩	12	12	⑪	
自動車Bの平均の速さ〔m/s〕	3	⑫	15	⑬	

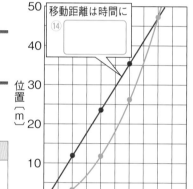

自動車A，Bの運動のグラフ

移動距離は時間に⑭

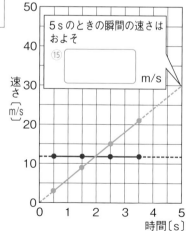

自動車A，Bの速さのグラフ

5sのときの瞬間の速さはおよそ⑮　m/s

□(4) ⑦(　　　)い時間間隔で速さを求めれば，運動の状態のちがいをくわしく表現することができる。時間を横軸に，速さを縦軸としてグラフにすると，速さの変化やある時間での瞬間の速さをグラフから読みとることができる。

□(5) 物体が，一直線上を一定の速さで進む運動を⑧(　　　　　　)という。⑧では，移動距離は時間に⑨(　　　)する。

□(6) 図の⑩〜⑮

要点
●速さは，移動距離÷かかった時間で求められる。
●物体が，一直線上を一定の速さで進む運動を等速直線運動という。

① 北陸新幹線のおもな駅の，東京からの距離とかかる時間を調べた。　▶▶ **1**

□(1) 計算 東京から大宮までは，距離は 30.3 km で，かかる時間は 26 分だった。この区間の新幹線の平均の速さを時速で求めなさい。なお，小数第 1 位を四捨五入して，整数で書きなさい。　（　　　　　　　）

□(2) 計算 高崎から長野は，距離が 117.4 km で，かかる時間が 39 分，富山から金沢は距離が 58.5 km で，かかる時間が 18 分だった。平均の速さが速いのは，どちらの区間か。　（　　　　　　　）

□(3) ある区間で，運転席の速度計が 250 km/h を示して走行していたとする。このような速さのことを何というか。　（　　　　　　　）

② 静止状態から動き出したある物体の運動を記録したところ，表のようになった。　▶▶ **1**

□(1) この物体が静止状態から 1 秒までの間の平均の速さは何 cm/s か。　（　　　　　　　）

時間〔s〕	位置〔cm〕
0	0
1	2
2	8
3	18
4	30

□(2) この物体は静止状態から 4 秒までの間に，どのような運動をしたか。次の⑦～⑨から 1 つ選び，記号で書きなさい。　（　　　　　　　）
　⑦　一定の割合で速くなり続けた。
　⑦　だんだん速くなったが，途中で速くなる割合が小さくなった。
　⑨　だんだん速くなっていき，途中で一気に速くなった。

③ 図は，一直線上を運動する物体の移動距離と時間の関係を表したグラフである。　▶▶ **1**

□(1) この物体の速さは何 cm/s か。　（　　　　　　　）

□(2) この物体の 50 秒間における移動距離は何 cm になるか。　（　　　　　　　）

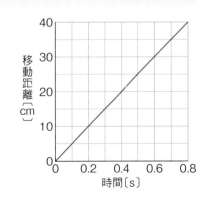

□(3) 図の縦軸を速さにかえて物体の速さと時間の関係を表すと，グラフはどのようになるか。次の⑦～⑨から 1 つ選び，記号で書きなさい。　（　　　　　　　）
　⑦　横軸に平行なグラフになる。
　⑦　横軸に垂直なグラフになる。
　⑨　原点を通る直線のグラフになる。

ミスに注意 ① (1) 単位に注意する。1 分は $\frac{1}{60}$ 時間。

ヒント ② (2) 「0～1 秒」，「1～2 秒」のように，1 秒ごとの移動距離を求める。

( )と[ ]にあてはまる語句を答えよう。

1 運動の向きに力がはたらく物体の運動

教科書 p.140〜143　▶▶①

●斜面を下る台車にはたらく力を調べる(図の①)

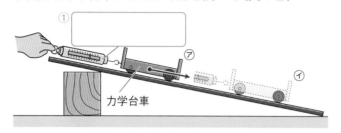

① [ ]

⑦

⑦

力学台車

ばねばかりは斜面と平行になるように持とう。

□(1)　斜面上に台車をのせ，ばねばかりで台車にはたらく斜面②( )向きの力の大きさを調べる。

□(2)　台車の③( )を変えたときの斜面下向きの力の大きさを調べると，⑦と⑦では，ばねばかりの示す力の大きさの値は④( )になる。

□(3)　斜面の傾きを大きくすると，ばねばかりの示す力の大きさの値は⑤( )なる。

●斜面を下る台車の運動を調べる

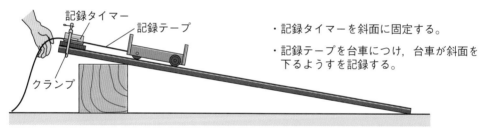

記録タイマー
記録テープ
クランプ

・記録タイマーを斜面に固定する。
・記録テープを台車につけ，台車が斜面を下るようすを記録する。

□(4)　0.1秒ごとに記録テープを切りとって並べ，グラフにすると，0.1秒間の⑥( )を表す点は，右上がりの⑦( )になる。

□(5)　斜面を下る台車の速さは，一定の割合で⑧( )している。

□(6)　斜面の傾きが大きいほど，台車の速さが増加する割合は⑨( )なる。

□(7)　運動の⑩( )に一定の力がはたらき続けるとき，物体の⑪( )は一定の割合で増加する。

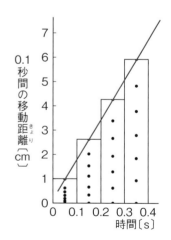

0.1秒間の移動距離〔cm〕

7
6
5
4
3
2
1
0

0　0.1　0.2　0.3　0.4
時間〔s〕

要点　●一定の力が物体に対してはたらき続けるとき，物体の速さは力のはたらく向きに一定の割合で増加する。

1 図1は，斜面上の台車の運動を調べるための装置であり，図2は，台車の運動を
記録したテープを6打点ごとに切り，下端をそろえてグラフ用紙にはったもので
ある。 ▶▶ **1**

□(1) 図1の台車に示してある矢印（——▶）の長さは，台
車にはたらく斜面下向きの力の大きさを表したもの
である。台車がA点からB点まで下ったとき，矢印
の長さはどうなるか。次の⑦〜⑨から1つ選び，記
号で書きなさい。　　　　　　　　（　　　　）

⑦　長くなる。

⑦　短くなる。

⑨　変わらない。

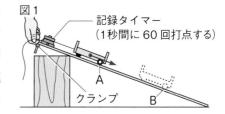

図1

記録タイマー
（1秒間に60回打点する）

A

クランプ

B

□(2) 記録タイマーが6打点打つのにかかる時間は何秒か。
（　　　　　　　　）

□(3) 図2のテープCは長さが4.3cmであった。このとき，0.2〜
0.3秒での台車の平均の速さは何cm/sか。
（　　　　　　　　）

□(4) 次の文は，この実験結果をまとめたものである。（　）に適す
る語を書きなさい。

　記録タイマーの打点の間隔は，時間が経過するにしたがっ
て（　⑦　）なっている。これは，斜面を下る台車の速さがしだ
いに（　⑦　）なっていることを示している。また，斜面の傾き
を大きくすると，台車にはたらく斜面下向きの力を示す矢印の長さは（　⑨　）なり，図2に
示したグラフの傾きは（　⑤　）なる。

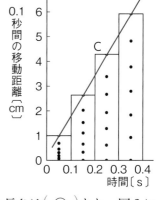

図2

0.1秒間の移動距離〔cm〕

C

時間〔s〕

単元
3

運動とエネルギー ―

教科書
140
〜
143
ページ

⑦（　　　　　）　⑦（　　　　　）　⑨（　　　　　）　⑤（　　　　　）

□(5) 台車が動き始めた地点からの移動距離と時間との関係を表したグラフを，下の⑦〜⑤から
1つ選び，記号で書きなさい。　　　　　　　　　　　　　　　　　　　　（　　　　）

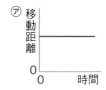

⑦　移動距離

0　　　時間

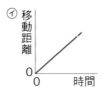

⑦　移動距離

0　　　時間

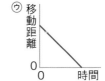

⑨　移動距離

0　　　時間

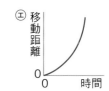

⑤　移動距離

0　　　時間

ミスに注意　**1**　(1) 傾きが一定の斜面上の台車にはたらく力は一定であることに注意。

ヒント　**1**　(5) 0.1秒間に移動した距離がだんだん長くなっていることから考える。

（　）と□□□にあてはまる語句を答えよう。

1 物体が垂直に落下する運動

教科書 p.143 ▶▶ **1**

□(1) 物体を置いた斜面の傾きを大きくしていき，斜面の傾きの角度が①（　　　　）になると，物体は垂直に②（　　　　）する。

□(2) (1)の運動を③（　　　　）といい，小球を空中でそっと手放したときなどがあてはまる。

□(3) ③では，一定の力として④（　　　　）が物体にはたらき続けている。

□(4) 右のグラフでは，縦軸は，物体が落下した⑤（　　　　）を表している。

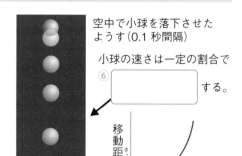

空中で小球を落下させたようす（0.1秒間隔）

小球の速さは一定の割合で

⑥ する。

移動距離

0　　　時間

2 だんだんおそくなる運動

教科書 p.144～145 ▶▶ **2**

□(1) 右の図のように台車を手でおし出して，斜面上を上らせると，台車の速さは①（　　　）の割合で②（　　　）し，やがて最高点で速さが0になって静止する。その後，速さが一定の割合で③（　　　）しながら斜面を下る。

□(2) 同じ傾きの斜面上にある台車には，つねに④（　　　）の力がはたらき続けている。

□(3) 斜面を上る運動では，力の向きが運動の向きと⑤（　　　）になるため，物体の速さは一定の割合で⑥（　　　）する。

□(4) 物体が平らな道をまっすぐに移動する場合，物体の接触面では運動の向きとは⑦（　　　）向きの摩擦力などがはたらいて，物体の速さはだんだん⑧（　　　）なっていく。

□(5) 物体が平らな道をまっすぐに移動する場合，摩擦力などと⑨（　　　）大きさの力を加え続ければ，物体は一定の速さで走り続けることができる。

□(6) 図の⑩

記録タイマー

台車には，斜面

⑩ □□□ 向きの力（一定の大きさ）

がはたらいている。

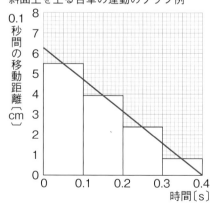

斜面上を上る台車の運動のグラフ例

0.1秒間の移動距離〔cm〕

8
7
6
5
4
3
2
1
0

0　0.1　0.2　0.3　0.4
時間〔s〕

要点
●物体が垂直に落下するときの運動を自由落下という。
●運動の向きと逆向きの力がはたらくと，物体の速さは減少する。

1 計算 図のように，1秒間に50回打点する記録タイマーを使って，おもりを垂直に落下させたときの運動のようすをテープに記録した。次に，そのテープを5打点ごとに切りはなし，順に台紙にはって，テープの上端を結んだグラフをつくった。このとき，テープ①〜③の長さは，それぞれ 4.9 cm，14.7 cm，24.5 cm であった。　▶▶ **1**

□(1) この実験でのおもりの運動のように，物体が垂直に落下するときの運動を何というか。

（　　　　　　　　）

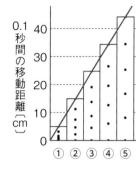

自由落下運動

記録タイマー

おもり

おもりの質量を変えてくり返す。

□(2) 物体が(1)の運動をするとき，物体にはたらく力の大きさは，物体にはたらく何の大きさと等しくなるか。

（　　　　　　　　）

□(3) テープ②が記録されたときのおもりの平均の速さは何 cm/s か。　（　　　　　　　）

□(4) テープ④の長さは，何 cm になっていると考えられるか。　（　　　　　　　）

□(5) おもりは1秒ごとに何 cm/s ずつ速くなっているか。　（　　　　　　　）

□(6) おもりは0秒から0.5秒の間に何 cm 落下しているか。ただし，テープ①は0〜0.1秒を記録したものである。　（　　　　　　　）

2 図は，なめらかな水平面上を一直線に運動する物体を 0.1 秒間隔で発光するストロボスコープを使って撮影し，図で示したものである。　▶▶ **2**

□(1) この物体が運動しているとき，運動の方向には力がはたらいているか。

（　　　　　　　　）

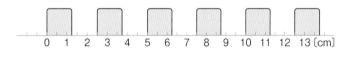

0 1 2 3 4 5 6 7 8 9 10 11 12 13〔cm〕

□(2) 図で示された区間の物体の平均の速さは何 cm/s か。　（　　　　　　　）

□(3) 記述 目盛りの 15 cm から先の水平面は，表面が少しざらざらしていた。そのまま運動を続ける物体を撮影した場合，0.1秒ごとの物体の間隔はどのようになるか。簡単に説明しなさい。

（　　　　　　　　　　　　　　　　　）

□(4) (3)のようになるのは，物体に何という力がはたらくようになったためか。

（　　　　　　　　　　　）

ヒント　**1**　(4) テープ①②③の長さを比較すると，0.1秒間の移動距離の変化がわかる。
ヒント　**2**　(1) 物体は等速直線運動をしている。

単元3　運動とエネルギー ― 教科書143〜145ページ

第1章　物体の運動

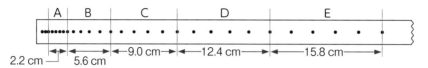

時間 30分　／100点　合格 70点　解答 p.15

① 1秒間に50回打点する記録タイマーを使い，台車の運動を調べる実験をした。下の図はそのときの記録テープを示したものである。なお，基準点はテープの左側である。 28点

| A | B | C | D | E |

2.2 cm　5.6 cm　9.0 cm　12.4 cm　15.8 cm

□(1) この台車はどのような運動をしたと考えられるか。次の⑦〜①から1つ選び，記号で書きなさい。

　　⑦　速さがしだいに減少する運動　　　④　速さがしだいに増加する運動

　　⑨　速さが一定の運動　　　①　速さが減少したり増加したりする不規則な運動

□(2) 作図 5打点ごとに区切ったテープをはさみで切りとり，右の台紙にはりつけるとどのようになるか。Aの例にならってB〜Eをかきなさい。技

□(3) 記述 テープを区切るとき，最初の数打点は使わなかった。この理由を簡潔に説明しなさい。思

□(4) この台車は，AからEの区間まで，全部で何cm動いたか。

□(5) (4)のとき，この台車の平均の速さは何cm/sか。

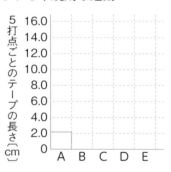

5打点ごとのテープの長さ〔cm〕

16.0 14.0 12.0 10.0 8.0 6.0 4.0 2.0 0

A B C D E

② 右の図のように，なめらかな斜面ABとざらざらした水平面BCを，B点のところでなめらかにつなぎ，台車をA点から静かに手をはなし，自然に走らせた。台車がB点を通過したときの瞬間の速さは2m/sであった。 30点

□(1) 台車がC点に達したときの瞬間の速さは，B点での瞬間の速さと比べてどうなるか。思

□(2) 記述 (1)のようになる理由を書きなさい。思

□(3) 次の①，②の関係をグラフに表すと，どのようなグラフになるか。それぞれ下の⑦〜⑦から選び，記号で書きなさい。ただし，グラフの横軸は時間を表し，縦軸は速さか移動距離を表すものとする。思

　　①　AB間の時間と台車の速さの関係　　　②　AC間の時間と台車の移動距離の関係

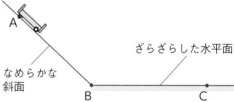

ざらざらした水平面

なめらかな斜面

A

B　　C

| ⑦ | ④ | ⑨ | ① | ⑦ |

0 時間　0 時間　0 時間　0 時間　0 時間

□(4) 斜面ABの角度を水平面BCと垂直にし，台車をA点に置き，静かに手をはなした。この後，台車にはたらき続けている運動方向の力は何か書きなさい。

③ 下の表は，ある物体の運動のようすを調べ，時間と運動を始めた地点からの移動距離をまとめたものである。

26点

時間〔s〕	0	1	2	3	4	5	6	7	8	9	10
移動距離〔cm〕	0	5	20	45	75	105	135	165	190	205	210

□(1) [作図] 時間と移動距離の関係を表すグラフを図1にかきなさい。[技]

□(2) [作図] 時間と速さの関係を表すグラフを，図2にかきなさい。[技]

□(3) この物体には一定の速さで運動している区間があった。
　① 何秒から何秒の間か。
　② この区間で物体は何cm移動したか。

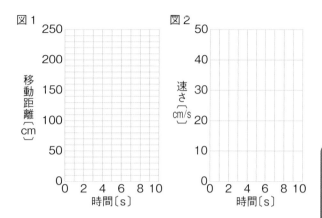

④ 1秒間に50回打点する記録タイマーを使って図1のような装置をつくり，台車をおさえていた手をはなすと，台車とおもりが同時に動き始めた。やがて，おもりは床に達して静止したが，台車はその後も動き続けた。図2は，台車が動き始めてからの記録テープを5打点ごとに切りとり台紙に順にはったものである。 16点

□(1) おもりが床に達したのは，台車から手をはなしてから何秒後か。[思]

□(2) おもりが床に達するまでの台車の運動は，台車が斜面を下る運動，台車が斜面を上る運動のどちらと同じ運動か。

□(3) おもりが床に達した後の台車の運動を何というか。

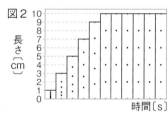

定期テスト予報 台車(物体)が斜面を下る運動についての問題が出題されやすいでしょう。
台車が斜面を下るときの速さと時間，移動距離と時間のグラフの特徴をつかんでおきましょう。

（　）と□にあてはまる記号，語句を答えよう。

1 力の合成

教科書 p.148〜150

- □(1)　下の実験❶で，力Oは力①（　　　　）とつり合っている。
- □(2)　下の実験❷で，2つの力A，力Bは1つの力②（　　　　）とつり合っている。
- □(3)　(1)と(2)より，1つの力Fは，2つの力A，力Bと③（　　　　　　）はたらきをしているといえる。このとき，力Fを力Aと力Bの④（　　　　　）という。
- □(4)　下の実験❷のように，複数の力が1つの物体にはたらくとき，それらの力を合わせて同じはたらきをする1つの力にすることを，⑤（　　　　　　　）という。
- □(5)　図の⑥〜⑦

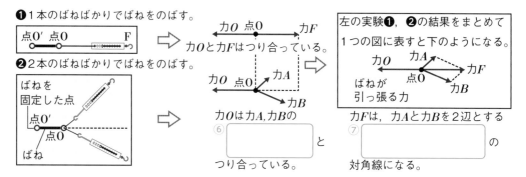

❶1本のばねばかりでばねをのばす。

点O′ 点O　　F

力O 点O 力F
力Oと力Fはつり合っている。

❷2本のばねばかりでばねをのばす。

ばねを固定した点
点O′
点O
ばね

力O 点O 力A
力B
力Oは力A,力Bの
⑥□
と
つり合っている。

左の実験❶，❷の結果をまとめて1つの図に表すと下のようになる。

力O 力A
点O 力F
力B
ばねが引っ張る力

力Fは，力Aと力Bを2辺とする
⑦□
の対角線になる。

2 合力の求め方

教科書 p.151

- □(1)　2力が一直線上で，向きが同じとき，合力の大きさは，力Aと力Bの2力の大きさの①（　　　　）になる。
- □(2)　2力が一直線上で，向きが逆のとき，合力の大きさは，力Aと力Bの2力の大きさの②（　　　　）になる。

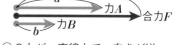

㋐2力が一直線上で，向きが同じ

a
$a+b$ 力A
力B 合力F
b

㋑2力が一直線上で，向きが逆

b
a
力B 力A
合力F
$a-b$

- □(3)　図の③〜⑤

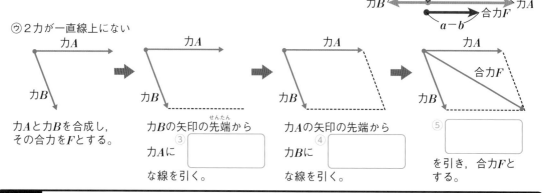

㋒2力が一直線上にない

力A
力B
力Aと力Bを合成し，その合力をFとする。

力A
力B
力Bの矢印の先端から
③□
力Aに
な線を引く。

力A
力B
力Aの矢印の先端から
④□
力Bに
な線を引く。

力A
合力F
力B
⑤□
を引き，合力Fとする。

要点
- ●2つの力と同じはたらきの1つの力（合力）を求めることを力の合成という。
- ●合力は2つの力を2辺とした平行四辺形の対角線になる。

1 図1は床の上に物体が置いてある状態を，図2はその物体を右におしている状態を示したものである。

□(1) 図1で，矢印Wは物体にはたらく重力を表している。矢印Pが表している力を何というか。

（　　　　　　　）

□(2) 次の文の（　）に適する数や語を書きなさい。

図1の力Wと力Pは，（　①　）つの物体にはたらく2力で，一直線上にあり，（　②　）が反対で，（　③　）が等しいため，この2力は（　④　）いる。

①（　　　　　　）　　②（　　　　　　）
③（　　　　　　）　　④（　　　　　　）

□(3) 図2のようにして，物体を30Nの力で左から右へおしたが動かなかった。

① 物体をおしても動かなかったのは，物体に何という力がはたらいていたためか。

（　　　　　　　）

② ①で答えた力の向きは，どちらからどちらに向いているか。また，その力の大きさは何Nか。　　　　　　向き（　　　　　　）　　大きさ（　　　　　　）

2 図は，3点A～Cに，それぞれ2力がはたらくようすを表したものである。　▶▶ 1 2

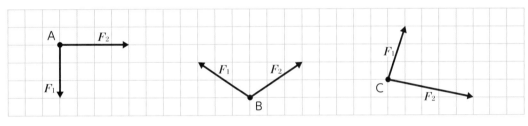

□(1) 作図 図の点A～Cにはたらく合力をそれぞれ作図しなさい。

□(2) (1)のように，2力の合力を求めるとき，合力は力F_1とF_2を2辺とする何の対角線となるか。

（　　　　　　　　　　　）

□(3) 点A～Cにはたらく2力F_1，F_2の合力の大きさを比べるとどうなるか。大きい方から順にA～Cの記号を並べて書きなさい。　　（　　　　　　　　　）

□(4) 点Aの力F_1，F_2の間の角度は90°である。2力の大きさを変えずに，この角度を180°まで大きくしていくと，合力の大きさはどう変化するか。次の⑦～⑨から1つ選び，記号で書きなさい。

（　　　　）

⑦ だんだん大きくなる。　　　⑦ だんだん小さくなる。　　　⑦ 変わらない。

ヒント 1 (3)図2の矢印とは逆向きで，力の大きさはおす力と等しい力がはたらくために物体が動かない。
ヒント 2 (4)平行四辺形の対角線の長さがどう変化するのかを考える。

( )と□□□にあてはまる語句を答えよう。

1 力の分解と分力の求め方

教科書 p.151 ▶▶①

□(1)　右の図の力Fは，力Aと力Bの合力だが，力Aと力Bは力Fを2つに分けているとも考えられる。このとき，力Aと力Bを，力Fの①( )という。

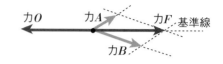

□(2)　(1)のように，1つの力をその力と同じはたらきをする複数の力に分けることを②( )という。

□(3)　図の③〜⑤

●分力の求め方

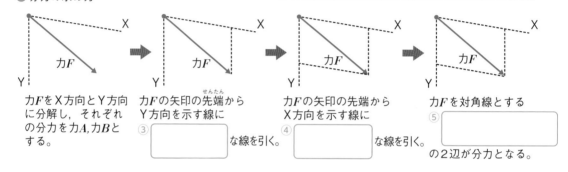

力FをX方向とY方向に分解し，それぞれの分力を力A,力Bとする。

力Fの矢印の先端(せんたん)からY方向を示す線に③□□□な線を引く。

力Fの矢印の先端からX方向を示す線に④□□□な線を引く。

力Fを対角線とする⑤□□□の2辺が分力となる。

2 斜面上の物体にはたらく力の分解

教科書 p.152 ▶▶②

□(1)　斜面(しゃめん)上の物体には，①( )向きの力と，斜面に②( )な力に分解できる。と斜面からの垂直抗力(こうりょく)がはたらいている。①は斜面下

□(2)　重力の斜面に垂直な分力と③( )はつり合っているので，斜面上の物体の運動に影響をあたえない。

□(3)　図の④〜⑤

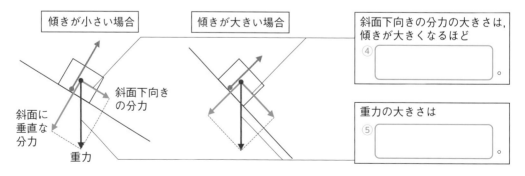

傾きが小さい場合　　傾きが大きい場合

斜面下向きの分力

斜面に垂直な分力

重力

斜面下向きの分力の大きさは，傾きが大きくなるほど④□□□。

重力の大きさは⑤□□□。

要点
●分力はもとの1つの力を対角線とした平行四辺形の2辺となる。
●重力は，斜面下向きの力と斜面に垂直な力に分解することができる。

❶ 力の合成と分解について，次の問いに答えなさい。　▶▶ 1

□(1) 次の㋐〜㋒のうち，2つの力A，Bの合力Fを正しく作図しているものはどれか。㋐〜㋒の記号で答えなさい。　（　　　　　）

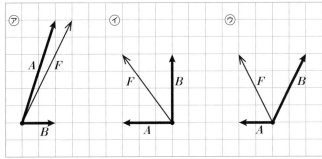

□(2) 作図 右の㋐，㋑の力Fを，xとyの方向に分解し，それぞれ2つの分力を作図しなさい。

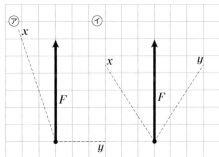

❷ 図1のように，斜面上に静止している500gの物体にはたらく力について，次の問いに答えなさい。ただし，質量が100gの物体にはたらく重力の大きさを1Nとする。　▶▶ 2

□(1) 物体にはたらいている重力の大きさは何Nか。
（　　　　　）

□(2) 物体にはたらく重力を図1のAとBの方向に分解し，その分力をそれぞれF，Tとする。
① Fとつり合っている力はどれか。㋐〜㋒から選び，記号で答えなさい。　（　　　　　）
　㋐　垂直抗力　　　㋑　摩擦力　　　㋒　重力
② Tとつり合っている力はどれか。①の㋐〜㋒から選び，記号で答えなさい。
（　　　　　）

図1
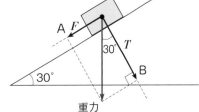

□(3) Fの大きさは何Nか。図2の三角形を参考にして求めなさい。
（　　　　　）

図2
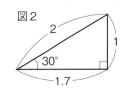

ヒント ❶ (2)平行四辺形を作図する。
ヒント ❷ (3)重力の大きさを2とすると，Fの力の大きさは1である。

( )にあてはまる語句を答えよう。

1 慣性の法則

教科書 p.154〜155 ▶▶ **1**

□(1) 電車が急ブレーキをかけると，乗っている人は電車の
① ( )方向によろめく。

□(2) 走行している電車に乗っている人には，電車の運動の向き
には力がはたらいていない。電車が急ブレーキをかけると，
ブレーキをかけた電車には，運動と逆向きに力がはたらく
が，電車に乗っている人には力が② ( )
ので，乗っている人のからだはそのままの運動を続けよう
とするためである。

□(3) 物体は，ほかの物体から力がはたらかない場合，または，
合力が0(力がつり合っている)の場合，運動している物体
はそのままの速さで③ ( )運動を続ける。このことを，
④ ( )といい，物体のもつこの性質を⑤ ( )という。

進行方向 →

急ブレーキを
かける。

2 作用・反作用の法則

教科書 p.156〜157 ▶▶ **2**

□(1) 右の図のように，ボートに乗ったAさんが，Bさ
んの乗ったボートをオールでおすと，Bさんの
ボートだけでなく，Aさんの乗ったボートもBさ
んのボートにおされて，おした向きと
① ( )向きに動く。

□(2) 1つの物体がもう1つの物体に力(作用)を加える
と，必ず② ( )に相手の物体から，大き
さが③ ( )で逆向きの力(④ ( ))を受ける。これを，
⑤ ( )という。

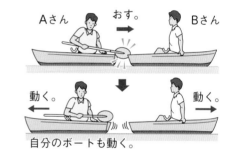

Aさん　おす。　Bさん

動く。　動く。

自分のボートも動く。

□(3) 作用と反作用は⑥ ( )上にあるが，2つの物体のそれぞれにはたらく。

力のつり合いの関係

A：垂直抗力
B：重力
*A*と*B*は1つの物体に
はたらく2力。

作用・反作用の関係

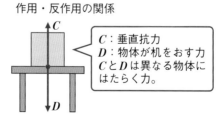

C：垂直抗力
D：物体が机をおす力
*C*と*D*は異なる物体に
はたらく力。

作用・反作用の2
力は異なる物体に，
つり合う2力は1
つの物体にはたら
く力だよ。

要点　●物体に外部から力がはたらかない，もしくは合力が0のとき，物体が静止や
等速直線運動を続ける性質を慣性という。

1 図のように，水平な直線のレールの上を走っている電車の中でおもりをつり下げて観察した。　▶▶ **1**

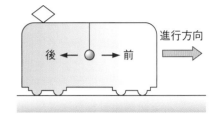

後 ← ● → 前　進行方向

□(1) 電車が次の①〜③のような運動をするとき，つり下げたおもりはどうなるか。下の⑦〜⑨からそれぞれ選び，記号で書きなさい。
　① 電車が加速するとき。
　② 電車が一定の速さで走っているとき。
　③ 電車が急停止するとき。

①(　　　)　　②(　　　)　　③(　　　)

　⑦ 前方にふれる。　　⑦ 後方にふれる。　　⑨ まっすぐつり下がっている。

□(2) つり下げたおもりが(1)のようになるのは，物体のもっている性質によるものである。この性質を何というか。(　　　)

□(3) [記述] 電車に乗って，小さな車輪(キャスター)が4個ついたスーツケースを床の上に置いた。このとき，スーツケースは手でおさえておく必要がある。その理由を考えて，簡潔に書きなさい。
(　　　　　　　　　　　　　　　　　　　　　　　　　　　　　)

2 図は，スケートボードに乗ったAさんが，かべに手をつき，かべをおしたようすを示したものである。　▶▶ **2**

かべ

P　　　　Q

□(1) 図で，Qの矢印はAさんがかべをおす力を表している。このときPの矢印は何を表しているか。
(　　　　　　　　　)

□(2) 図のPとQの力の関係を何の法則というか。
(　　　　　　　　　)

□(3) 図の矢印PとQについて，正しいものを次の⑦〜⑨から1つ選び，記号で書きなさい。
(　　　)
　⑦ PとQの向きは反対で，大きさはPの方が大きい。
　⑦ PとQの向きは反対で，大きさはQの方が大きい。
　⑨ PとQの向きは反対で，大きさは同じである。

□(4) [記述] Aさんは，図のかべの代わりに，同じ性能のスケートボードに乗って静止しているBさんを手でおしたところ，Bさんは右へ動いていった。このとき，Aさんはどうなったか。簡潔に書きなさい。(　　　　　　　　　)

□(5) Aさんがスケートボードに乗っているとき，Aさんにはたらく重力と垂直抗力(こうりょく)がつり合っている。この2力の関係と，図のPとQの2力の関係は同じか。(　　　)

ヒント **1** (3)床の上にボールを置いたときと置きかえて考えてみよう。

第2章　力のはたらき方(4)

（　）にあてはまる語句を答えよう。

1 水圧

教科書 p.158〜160　▶▶①

□(1)　水中の物体にはたらく圧力を①（　　　　　　）という。

□(2)　水圧は，水にはたらく②（　　　　　　）によって生じるため，
水中の物体の上にある水の量が多くなる深いところほど，
水圧の大きさは③（　　　　　　）なる。また，同じ深さで
は水圧の大きさは④（　　　　　　）になる。

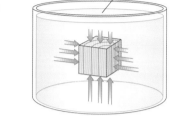
水面

□(3)　水圧は，水中にある物体に対して⑤（　　　　　　　　）向き
からはたらく。

□(4)　物体の底面に⑥（　　　　　）向きにはたらく水圧の方が，物体の上面に⑦（　　　　　　）向きに
はたらく水圧よりも⑧（　　　　　　　　）なるため，水中の物体は全体として⑨（　　　　　　）向
きに力を受ける。

2 浮力

教科書 p.158〜160　▶▶②

□(1)　おもりが水中にしず
むにつれて，ばねばか
りの示す値は
①（　　　　　　）
なった。

□(2)　おもり全体が水中に
しずんだ後，それ以
上しずめても，ばねば
かりの示す値は変化
②（　　　　　　）。

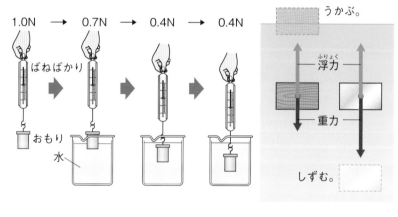
1.0N → 0.7N → 0.4N → 0.4N
ばねばかり
おもり
水
うかぶ。
浮力
重力
しずむ。

□(3)　水中にある物体にはたらく水圧は，上面よりも，下面の方が大きいため，物体は全体とし
て上向きの力を受ける。この上向きの力を③（　　　　　　）という。

□(4)　おもりが空気中にあるときにばねばかりが示す値（おもりにはたらく重力）と，おもりが
水中にあるときにばねばかりが示す値の④（　　　　　　）（おもりにはたらく重力と浮力の
⑤（　　　　　　）（重力−浮力））がおもりにはたらく浮力の大きさである。

□(5)　物体にはたらく重力と浮力の大きさが⑥（　　　　　　　　　　）とき，物体は水にうかぶ。

□(6)　物体にはたらく重力よりも浮力が⑦（　　　　　　）とき，物体は水中にしずむ。

□(7)　浮力の大きさは，物体の水中にある部分の体積が増すほど⑧（　　　　　　）なる。

要点
●水中の物体にはたらく水圧は，水の深いところほど大きくなる。
●浮力の大きさは，物体の水中にある部分の体積が増すほど大きくなる。

1 立方体の物体の底面が水平になるようにして，水中にしずめた。　▶▶ **1**

□(1) 物体にはたらく水圧を矢印で表したモデルとして，最も適切なものはどれか。次の⑦〜⑤から選びなさい。　（　　　　）

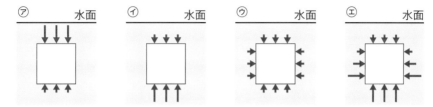

□(2) 物体をしずめていくと，底面にはたらく水圧はどうなるか。次の⑦〜⑤から選びなさい。

　⑦　だんだん小さくなる。　（　　　　）

　⑦　だんだん大きくなる。

　⑤　変わらない。

2 図Aのように，空気中で直方体の物体をばねばかりにつるすと，ばねばかりは1.2 N を示した。この物体の下面が水面に平行になるようにして水中に静かに入れ，図Bのように，物体全てが水中に入ってもさらにしずめ，図Cのように物体が容器の底に達してばねばかりが０Nを示すまで，ばねばかりの目盛りがどのように変化するかを調べた。表は，その結果の一部である。　▶▶ **2**

容器の底から物体の下面までの距離〔cm〕	8	6	4	2
ばねばかりの目盛り　〔N〕	0.9	0.5	0.3	0.3

□(1) ①容器の底から物体の下面までの距離が８cm のとき，②図Bのように物体が全て水中に入っているとき，それぞれの物体が水から受ける浮力は何Nか。

　①（　　　　　）　②（　　　　　）

□(2) 容器の底から物体の下面までの距離が４cm のときに物体が受ける浮力Ｘと，２cm のときの浮力Ｙの大小関係はどうなるか。次の⑦〜⑤から選びなさい。

　（　　　　）

　⑦　Ｘ＜Ｙ　　⑦　Ｘ＝Ｙ　　⑤　Ｘ＞Ｙ

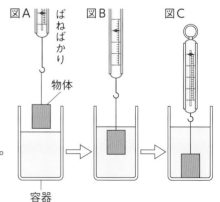

図A ばねばかり / 物体 / 容器　図B　図C

ヒント **1** (2)水圧は，水中にある物体の上にある水にはたらく重力によって生じる。

ヒント **2** (2)浮力の大きさは，水の深さに関係しない。

時間30分 ／100点　合格70点　解答 p.18

❶ 図は，天井からつるしたばねにおもりをつるし，ばねが静止している状態を示したものである。A～Eの矢印は，いろいろな力を表している。

30点

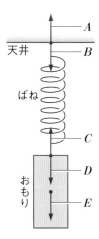

□(1) 次の①～③の力をA～Eからそれぞれ選び，記号で書きなさい。
　　① 地球がおもりを引く力
　　② 天井がばねを支える力
　　③ おもりがばねを引く力

□(2) 次の①，②とつり合っている力をA～Eからそれぞれ選び，記号で書きなさい。
　　① 地球がおもりを引く力
　　② 天井がばねを支える力

□(3) A～Eの力には作用・反作用の法則が成り立つ2つの力が2組ある。どの力とどの力が作用・反作用の関係にあるか，2組書きなさい。

❷ 2つのばねばかりを使って，図1のようにおもりをつり下げて静止させた。このとき，2つのばねばかりの目盛りは3Nを示していた。なお，100gの物体にはたらく重力の大きさを1Nとする。

38点

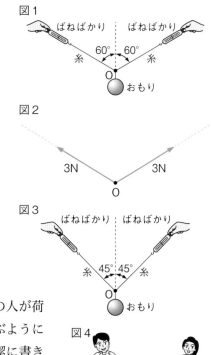

図1

図2

図3

□(1) 作図 図2は，図1のばねばかりが示す3Nの力を矢印で示したものである。この2つの力と同じはたらきをする1つの力Fを図2にかきなさい。 技

□(2) (1)の力Fのように，2つの力と同じはたらきをする1つの力を何というか。

□(3) 図1でつり下げたおもりの質量は何gか。 思

□(4) 図3のように，2つのばねばかりの間の角度を，図1より小さくした。このとき，2つのばねばかりの目盛りはどうなるか。次の⑦～⑦から1つ選び，記号で書きなさい。 思
　　⑦ 3Nより大きくなる。
　　⑦ 3Nで変わらない。
　　⑦ 3Nより小さくなる。

点UP □(5) 記述 2本のひもがついた荷物を，図4のように2人の人が荷物の左右に立って運ぶとき，なるべく小さな力で運ぶようにしたい。2人の距離はどのようにするとよいか，簡潔に書きなさい。 思

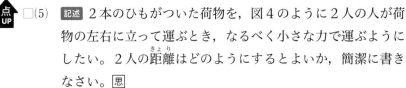

③ 次の手順で，浮力について調べた。 32点

（Ⅰ） 図1の直方体の物体を，この向きで水平に保ってばねばかりにつるしたところ，ばねばかりの目盛りは2.4 N を示した。

図1
4.0 cm
5.0 cm
4.0 cm

図2 図3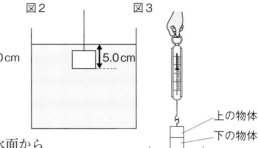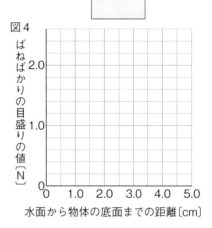
5.0cm
上の物体
下の物体

（Ⅱ） 図1の物体を，図2のように水槽に入れ，水面から物体の底面までの距離が5.0 cm になるまで1.0 cm ずつしずめ，そのときのばねばかりの目盛りを調べた。表は，その結果をまとめたものである。

水面から物体の底面までの距離〔cm〕	0	1.0	2.0	3.0	4.0	5.0
ばねばかりの目盛り〔N〕	2.4	2.2	2.0	1.8	1.6	x

（Ⅲ） 図1の物体を2個用意し，それらを図3のような向きで上下にすきまなくつなぎ，ばねばかりにつるした。ばねばかりにつるしたそれらの物体を水槽に入れ，水面から下の物体の底面までの距離が6.0 cm になるようにしずめた。

図4
ばねばかりの目盛りの値〔N〕
2.0
1.0
0
0 1.0 2.0 3.0 4.0 5.0
水面から物体の底面までの距離〔cm〕

□(1) 計算 （Ⅱ）で水面から物体の底面までの距離が4.0 cm のとき，物体にはたらく①重力，②浮力の大きさは，それぞれ何Nか。思

□(2) 作図 （Ⅱ）で，表の x にあてはまる数値を予想し，水面から物体の底面までの距離とばねばかりの示す値との関係を，図4にかきなさい。技

 □(3) 計算 （Ⅲ）のとき，ばねばかりの示す値は何Nか。思

①	(1)	①		②		③		(2)	①		②	
			4点		4点		4点			4点		4点
	(3)		と					と				10点
②	(1)	図2に記入		(2)				(3)				
			8点			6点						8点
	(4)		6点	(5)								10点
③	(1)	①			N			②			N	
					6点						6点	
	(2)	図4に記入				10点	(3)				N	10点

定期テスト予報 力の合成や分解の作図問題が出題されやすいでしょう。平行四辺形を用いた合力や分力の作図の方法を，しっかり身につけておきましょう。

69

（　）と□□□にあてはまる語句を答えよう。

1 さまざまなエネルギーの形態

教科書 p.164～165　▶▶①

□(1)　電気はモーターの軸を回転させて物体の①（　　　　　　）の状態をかえたり，電球を点灯させて明るくしたりすることができる。このように，さまざまなはたらきができるとき，「②（　　　　　　）をもっている」という。

□(2)　(1)より，「電気はエネルギーをもって③（　　　　　　）」といえる。

□(3)　光電池は，光が当たると発電し，モーターの軸を回すことができる。したがって，「光る物体はエネルギーをもって④（　　　　　　）」といえる。（図の⑤）

光
光電池

光がもつエネルギー→
⑤ [　　　　　　] エネルギー

物質がもつ化学エネルギー，熱がもつ熱エネルギーなど，エネルギーにはいろいろな形態があるね。

2 運動エネルギー

教科書 p.166～167　▶▶②

❶　右の図のように10個のペットボトルのキャップを並べ，別のキャップを指ではじいて並べたキャップに①（　　　　　　）させる。

❷　はじいたキャップの②（　　　　　　）と，❶によって動いたキャップの個数を記録する。

❸　はじくキャップにつめる粘土の質量を変え，❶，❷をくり返す。

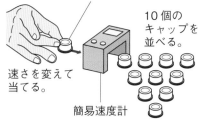
粘土をつめたキャップ
2種類の質量のものをつくる。
10個のキャップを並べる。
速さを変えて当てる。
簡易速度計

□(1)　右の結果のグラフからは，指ではじいたキャップの③（　　　　　　）が速いほど，動いたキャップの個数は④（　　　　　　）なっている。

□(2)　はじかれたキャップのように，運動している物体がもっているエネルギーを⑤（　　　　　　）という。

□(3)　⑤は，運動している物体の質量が⑥（　　　　　　）ほど，また，速さが⑦（　　　　　　）ほど大きい。

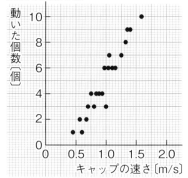
実験の結果の例
動いた個数〔個〕
キャップの速さ〔m/s〕

要点
●ほかの物体を動かしたり，変形させたりできる物体はエネルギーをもっている。
●運動している物体がもっているエネルギーを運動エネルギーという。

第3章 エネルギーと仕事(1)

1 図のように，水平面上で鉄球を転がしたら，木片に衝突し，木片を移動させて止まった。 ▶▶ **1**

鉄球　　　　　　木片

□(1) 次の文の( )に適する語句を書きなさい。

転がった鉄球は，木片の（ ① ）の状態を変えたことから，鉄球はエネルギーをもっていると（ ② ）。

①(　　　　　)　　②(　　　　　)

□(2) 次の①〜④のエネルギーをそれぞれ何というか。

① 電気がもっているエネルギー　→　(　　　　　　　　　)

② 物質がもっているエネルギー　→　(　　　　　　　　　)

③ 熱がもっているエネルギー　　→　(　　　　　　　　　)

④ 光がもっているエネルギー　　→　(　　　　　　　　　)

2 図1の装置で，木片に衝突させる小球の速さと質量を変え，木片の移動距離を調べた。図2，図3は，それぞれの結果を示したものである。 ▶▶ **2**

図1

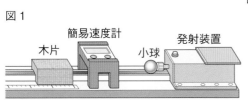

簡易速度計　　　　　発射装置
木片　　　　　小球

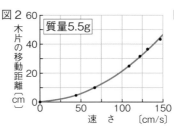

図2　質量5.5g
木片の移動距離〔cm〕
速さ〔cm/s〕

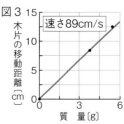

図3　速さ89cm/s
木片の移動距離〔cm〕
質量〔g〕

□(1) 小球を発射すると，小球は何というエネルギーをもつようになるか。

(　　　　　　　　　)

□(2) ①小球の速さ，②小球の質量が大きくなると，小球のもつエネルギーはそれぞれどうなるか。次の⑦〜⑦から1つずつ選び，記号で書きなさい。　①(　　　)　　②(　　　)

⑦ 大きくなる。　　　④ 小さくなる。　　　⑦ 変わらない。

□(3) 小球の速さが2倍になったときと，小球の質量が2倍になったときを比べると，小球のもつエネルギーの大きさの変わり方についてどのようなことがいえるか。次の⑦〜⑦から1つ選び，記号で書きなさい。　(　　　)

⑦ 小球の速さが2倍になったときの方が，エネルギーの大きさの変わり方が小さい。

④ 小球の速さが2倍になったときの方が，エネルギーの大きさの変わり方が大きい。

⑦ どちらもエネルギーの大きさの変わり方は同じである。

ヒント　**2**(2)①は図2，②は図3からそれぞれ読みとる。木片の移動距離が長いほど，エネルギーは大きい。

ヒント　**2**(3)図2の横軸の50と100のところで比べると，木片の移動距離は2倍以上になっている。

（　）と□にあてはまる語句を答えよう。

1 位置エネルギー

教科書 p.166 〜 167 ▶▶

□(1) 高い位置にある物体は，①（　　　　　）によって落下することで，ほかの物体を動かしたり，変形させたりするので，エネルギーをもっている。この高い位置にある物体のもつエネルギーを②（　　　　　）という。

□(2) ②は，物体の位置が③（　　　　　）ほど，また，物体の質量が④（　　　　　）ほど大きい。

□(3) 図の⑤，⑥

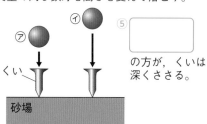

質量の同じ鉄球を高さを変えて落とす。

⑤□

の方が，くいは深くささる。

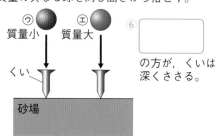

質量の異なる球を同じ高さから落とす。

⑥□

の方が，くいは深くささる。

2 力学的エネルギーの保存

教科書 p.168 〜 169 ▶▶

□(1) ジェットコースターが高い位置から下り始めると，①（　　　　　）エネルギーは小さくなるが，②（　　　　　）エネルギーが大きくなる。

□(2) ふりこがA〜Iのようにふれるとき，AからEまでは③（　　　　　）エネルギーが減少し，その減少分が④（　　　　　）エネルギーに移り変わり，④エネルギーが増加する。

□(3) EからIまでは④エネルギーが減少し，その減少分が⑤（　　　　　）エネルギーに移り変わり，⑤エネルギーが増加する。

□(4) 運動エネルギーと位置エネルギーを合わせた総量を，その物体の⑥（　　　　　）エネルギーといい，常に一定に保たれている。このことを⑦（　　　　　）という。

□(5) 図の⑧〜⑩

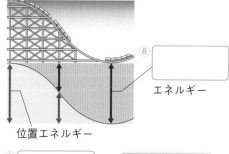

⑧□
エネルギー

位置エネルギー

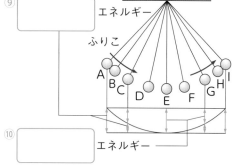

⑨□
エネルギー

ふりこ

A B C D E F G H I

⑩□
エネルギー

要点
●高い位置にある物体がもつエネルギーを位置エネルギーという。
●運動エネルギーと位置エネルギーを合わせた総量を力学的エネルギーという。

① 図1の装置で，質量10gの小球を高さを変えて転がし，木片に衝突させたときの木片の移動距離を調べた。次に，高さ5cmに置いた小球の質量を変えて，同じ実験を行った。図2，図3は，それぞれの結果を示したものである。 ▶▶ **1**

図1

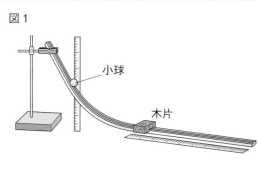

図2

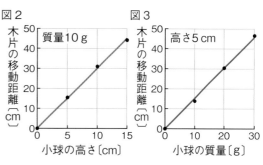

□(1) 図1の転がす前の小球のように，高い位置にある物体がもっているエネルギーを何というか。（　　　　　　　　）

□(2) 小球の高さを2倍にすると，木片の移動距離は何倍になるか。（　　　　）

□(3) 小球の質量を3倍にすると，木片の移動距離は何倍になるか。（　　　　）

□(4) 物体のもつ(1)のエネルギーは，何によって決まるといえるか。2つ書きなさい。

物体の（　　　　　　　）・物体の（　　　　　　　）

② 図のようなふりこで，おもりをAの位置まで引き上げ，静かに手をはなしたら，Aと同じ高さEまでふれ，ふりこ運動をした。 ▶▶ **2**

□(1) おもりの位置エネルギーが最大になるのは，A〜Eのどの点か。すべて書きなさい。（　　　　　　　　）

□(2) おもりの運動エネルギーが最大になるのは，A〜Eのどの点か。すべて書きなさい。（　　　　　　　　）

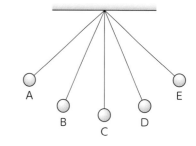

□(3) 記述 おもりがBからCに向かってふれているとき，おもりのもつエネルギーはどのように移り変わっているか。簡潔に書きなさい。

（　　　　　　　　　　　　　　　　　　　　　　　　　）

□(4) 運動エネルギーと位置エネルギーを合わせた総量を何というか。

（　　　　　　　　　　　）

□(5) 記述 運動している物体では，(4)のエネルギーはどのようになっているか。簡潔に書きなさい。（　　　　　　　　　　　　　　　）

□(6) (5)のことを何というか。（　　　　　　　　　　　）

ヒント **1** (2)(3) どちらの結果を示したグラフも比例を表すグラフになっていることから考えよう。

ヒント **2** (2) 位置エネルギーが最小の点で運動エネルギーは最大になる。

（　）と□にあてはまる語句を答えよう。

1 仕事と力学的エネルギー

教科書 p.170〜175　▶▶**①**

□(1)　物体に力を加えて力の向きに移動させたとき，力が物体に対して① (　　　　　)をしたといい，単位には② (　　　　　)(記号 J)を用いる。

□(2)　仕事〔J〕＝物体に加えた③ (　　　　)〔N〕×力の向きに移動させた④ (　　　　)〔m〕

□(3)　重力に逆らって持ち上げられた物体は⑤ (　　　　)エネルギーを得る。

□(4)　床などの上で物体を水平に移動させる場合，⑥ (　　　　)力に逆らって力を加えて動かすときは，加えた力は仕事をする。

□(5)　上の実験からわかること。

・小球の位置が⑦ (　　　　)ほど，木片の移動距離は大きい。

・小球の質量が⑧ (　　　　)ほど，木片の移動距離は大きい。

・斜面の傾きは木片の移動距離に関係が⑨ (　　　　)。

・転がった小球がもつ⑩ (　　　　)エネルギーの大きさは，木片に対してした⑪ (　　　　)ではかることができる。

❶　下の図のような装置をつくり，小球をいろいろな高さから転がして木片に当て，木片の移動距離を調べる。

❷　小球の質量を変えて❶を行う。

❸　斜面の傾きを変えて❶を行う。

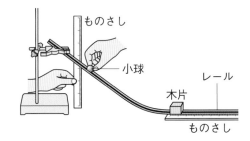

ものさし
小球
レール
木片
ものさし

仕事の単位のジュールは，熱量や電力量の単位のジュールと同じものだね。

2 道具を利用したときの仕事の大きさ

教科書 p.176〜179　▶▶**②**

□(1)　右の実験結果をまとめる。(図の①〜⑨に数値を書く。)

□(2)　道具を使っても仕事の大きさは変わらない。これを⑩ (　　　　)という。

□(3)　単位時間(1秒間)にする仕事を⑪ (　　　　)といい，単位には⑫ (　　　　)(記号W)を用いる。

$$仕事率〔W〕＝\frac{仕事〔J〕}{⑬(\qquad)〔s〕}$$

❶直接引き上げる。　❷定滑車を使う。　❸動滑車を使う。

0.20m 200g

定滑車
0.20m 200g

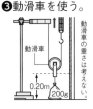
動滑車
0.20m 200g
動滑車の重さは考えない。

実験	❶	❷	❸
手が加える力〔N〕	①	④	⑦
手を動かす距離〔m〕	②	⑤	⑧
手がする仕事〔J〕	③	⑥	⑨

要点

●**仕事＝物体に加えた力×力の向きに移動させた距離**で表される。

●**道具を使っても仕事の大きさは変わらない。**これを**仕事の原理**という。

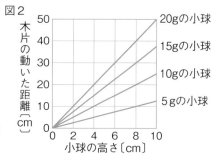

① 図1の装置で，小球の質量と高さを変えて小球を転がして木片に衝突させた。このときの小球と木片が一体となって動く距離をはかったところ，その結果は図2のグラフのようになった。　▶▶ **1**

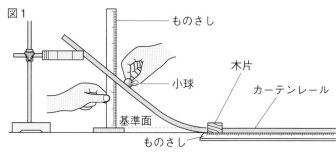

図1
ものさし
木片
小球
カーテンレール
基準面
ものさし

図2
木片の動いた距離〔cm〕
20gの小球
15gの小球
10gの小球
5gの小球
小球の高さ〔cm〕

□(1) 作図 図2のグラフをもとに，小球の高さを8cmとしたときの小球の質量と木片の動いた距離との関係を表すグラフを右にかきなさい。

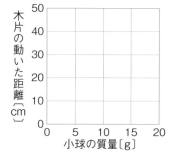

木片の動いた距離〔cm〕
小球の質量〔g〕

□(2) 次の文の(　)に適する語を書きなさい。

　木片がされた仕事の大きさは，小球の(　①　)が高いほど，また，小球の(　②　)が大きいほど大きい。

　　　　　　　　①(　　　　　) ②(　　　　　)

□(3) 質量10gの小球を12cmの高さから転がすと，衝突後，小球は木片と一体となって動いた。木片は何cm動くか。　(　　　　　　　)

② 質量30kgの物体を，図1，図2のように，滑車や斜面を使って，一定の速さで高さ2mまで引き上げた。なお，100gの物体にはたらく重力の大きさを1Nとする。また，滑車やロープの質量や摩擦は無視できるものとする。　▶▶ **2**

□(1) 図1について
① 物体を引き上げているとき，ロープ@，ⓑ，ⓒが引く力の大きさはそれぞれ何Nか。
　@(　　　　) ⓑ(　　　　) ⓒ(　　　　)

② 物体を2mの高さまで引き上げるのに，ロープⓒは何m引かなければならないか。　(　　　　)

③ このときの仕事の大きさはいくらか。　(　　　　)

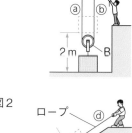

図1
ロープ
A
ⓒ
@
ⓑ
2m
B

□(2) 図2について
① 物体を引き上げているとき，ロープⓓを引く力の大きさは何Nか。　(　　　　)

② この仕事の大きさはいくらか。　(　　　　)

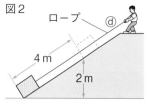

図2
ロープ
ⓓ
4m
2m

ヒント　① (3) 質量10gの小球を，それぞれの高さから転がしたときの移動距離との関係から考える。

（　）と□□□にあてはまる語句，数字を答えよう。

1 エネルギーの変換

教科書 p.180　▶▶**①**

□(1)　エネルギーのなかでも，とくに①（　　　　）エネルギーは，ほかのエネルギーと比べて変換しやすいことから，生活の多くの場面で利用される。

□(2)　図の②〜⑦

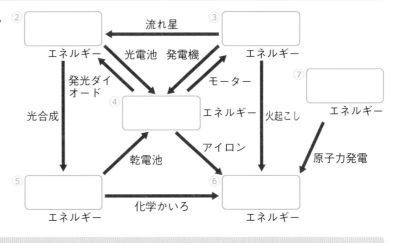

2 エネルギーの保存，熱の伝わり方

教科書 p.181〜182　▶▶**②**

500gのおもりを1mの高さまで巻き上げ，おもりを落下させて発電し，電圧，電流，落下時間を測定する。

□(1)　重力がした仕事〔J〕＝おもりにはたらく重力〔N〕×落下距離〔m〕より，①（　　　　）N×②（　　　　）m ＝③（　　　　）J

□(2)　発電した電気エネルギー〔J〕＝電圧〔V〕×電流〔A〕×落下時間〔s〕より，④（　　　　）V×⑤（　　　　）A ×⑥（　　　　）s ＝⑦（　　　　）J

□(3)　発電の効率〔%〕＝発電した電気エネルギー〔J〕÷重力がした仕事〔J〕×100 より，⑦ J÷③ J×100 ＝⑧（　　　　）%

□(4)　実験結果から，⑨（　　　　）エネルギーが電気エネルギーに移り変わる過程で，エネルギーの一部が熱や音などの利用目的ではないエネルギーに変換されていることがわかる。

□(5)　発生した熱や音などの利用目的ではないエネルギーもふくめれば，エネルギー変換の前後でエネルギーの総量は変わらない。これを⑩（　　　　）という。

□(6)　熱した部分から温度の低い周囲へと熱が伝わっていく現象を⑪（　　　　）という。

□(7)　あたためられた物質そのものが移動して全体に熱が伝わる現象を⑫（　　　　）という。

□(8)　熱源から空間をへだててはなれたところまで熱が伝わる現象を⑬（　　　　）という。

電圧	電流	時間
1.0 V	0.15 A	8.0 秒

要点

●エネルギーは相互に変換することができる。
●変換の前後でエネルギーの総量は変わらない。これをエネルギーの保存という。

1 図のように，光電池にモーターをつないで，太陽の光に当てた。　▶▶**1**

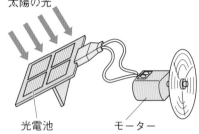
太陽の光

光電池　　モーター

- □(1) 記述 光電池に太陽の光を当てると，モーターはどうなるか。簡潔に書きなさい。
  （　　　　　　　　　　　　　　　　　　）

- □(2) この実験ではエネルギーはどのように移り変わったといえるか。次の⑦〜④から正しいものを1つ選び，記号で書きなさい。　（　　　　　　）
  - ⑦　光エネルギー→電気エネルギー→化学エネルギー
  - ④　光エネルギー→電気エネルギー→運動エネルギー
  - ⑦　熱エネルギー→電気エネルギー→運動エネルギー
  - ④　熱エネルギー→電気エネルギー→化学エネルギー

2 図のような装置を用いて，水を入れた重さ 500 g のペットボトルのおもりを 2 m の高さまで巻き上げ，落下させて発電し，そのときの電圧，電流，落下時間をはかった。表は，その結果を示したものである。なお，100 g の物体にはたらく重力の大きさを 1 N とする。　▶▶**2**

- □(1) おもりがした仕事は何 J か。　（　　　　　　）
- □(2) 発電した電気エネルギーは何 J か。（　　　　　　）
- □(3) 発電の効率は何%か。次の⑦〜④から1つ選び，記号で書きなさい。　（　　　　　　）
  - ⑦　3.6 %　　④　7.2 %
  - ⑦　36 %　　④　72 %
- □(4) (3)のように発電の効率が 100 % にならないのは，主におもりが落ちるときに摩擦によって発生する何エネルギーが原因か。
  （　　　　　　　　　　　）

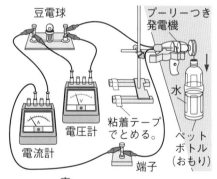
豆電球　　　　プーリーつき発電機

電圧計　　水

電流計　　粘着テープでとめる。　ペットボトル（おもり）

端子

表

電圧	電流	時間
3 V	0.12 A	10 秒

3 熱の伝わり方について答えなさい。　▶▶**2**

- □(1) 日光に当たると暖かく感じるときの熱の伝わり方を何というか。（　　　　）
- □(2) 物質が移動して全体に熱が伝わる現象は，伝導と対流のどちらか。（　　　　）

ヒント ❶ (2)光電池は光を直接電気に変える装置である。
ヒント ❷ (3)発電の効率は，(2)÷(1)×100 で求められる。

点UP **1**　滑車やてこなどの道具を使ってする仕事をした。なお，物体やおもり以外の質量は考えないものとし，100 g の物体にはたらく重力の大きさを 1 N とする。 35点

□(1)　[計算] 図1のように，2個の滑車を連結して 60 kg の物体を 50 cm だけ手で引き上げた。①〜③に答えなさい。

　①　P 点を引く力の大きさは何 N か。

　②　P 点を下に何 m 引けばよいか。

　③　手がする仕事の大きさは何 J か。

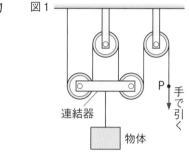

図1　連結器　P 手で引く　物体

□(2)　[計算] 図2のように，長さ 40 cm の棒を三角台にのせ，これをてことして用いた。棒の左端を A 点，右端を B 点，てこの支点を C 点とする。AC ＝ 10 cm，BC ＝ 30 cm である。B 点を手で持ち，A 点に質量 1200 g のおもりをつるしたところ，糸は A 点の真下にぴんと張り，おもりはゆかの上に静止した。B 点に下向きの力を加え，B 点を 9 cm おし下げた。①〜④に答えなさい。[思]

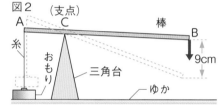

図2　（支点）A　C　棒　B　9cm　糸　おもり　三角台　ゆか

　①　おもりがゆかから持ち上げられた高さは何 cm か。

　②　B 点に加えた力の大きさは何 N か。

　③　ゆかから持ち上げられたことで増加したおもりの位置エネルギーは何 J か。

　④　この仕事を 2 秒間で行ったときの仕事率は何 W か。

よく出る **2**　図のように，水平面上に布をしき，その上で重さ 1.60 N の木片をばねばかりで水平に引き，一直線上を動かす実験を行った。木片が一定の速さで動いているとき，ばねばかりは 1.10 N を示していた。次に，布を模造紙に変えて同じ実験を行ったところ，ばねばかりは 0.60 N を示していた。なお，ひもやばねばかりの質量は考えないものとする。 25点

□(1)　[記述] 木片が一定の速さで動いているとき，ばねばかりが木片を引く力の大きさと，木片にはたらく摩擦力の大きさの関係はどうなるか。簡潔に書きなさい。[思]

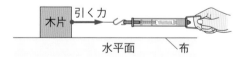

木片　引く力　水平面　布

□(2)　[作図] 摩擦力を表す矢印をかきなさい。

□(3)　布の上で木片を一定の速さで 0.30 m 動かした場合，木片に対する仕事を求めなさい。

□(4)　模造紙の上で木片を一定の速さで 0.30 m 動かした場合，木片に対する仕事を求めなさい。

□(5)　[計算] (3)，(4)から，布の上で動かしたときの仕事は，模造紙の上で動かしたときの仕事の何倍か。小数第 2 位を四捨五入して小数第 1 位まで求めなさい。

❸ 図のように，水平な地面の上の点A，Bに物体をそれぞれ置いた。物体にはたらく重力の大きさは20Nである。 12点

□(1) Aに置いた物体を，真上に20Nの力を加え続けて，高さ3.0mまで移動した。物体がされた仕事は何Jか。

□(2) [計算] Bに置いた物体を，機械で，摩擦のない6.0mの斜面を12秒で高さ3.0mまで引き上げた。この機械がした仕事の仕事率は何Wか。[思]

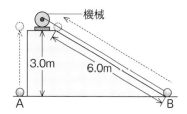

❹ 図のように，手回し発電機どうしをつなぎ，手回し発電機Aのハンドルを10回回したとき，手回し発電機Bのハンドルが何回回るかを調べた。 28点

□(1) [記述] 同じ時間で，手回し発電機で発電する電気エネルギーの量を多くしたい場合，ハンドルの回し方をどのようにするとよいか。[技]

□(2) 実験結果から，いちばん発電の効率がよかったのは何回目か。[思]

□(3) 手回し発電機Aを回して手回し発電機Bが回るまでにエネルギーはどのように変換されたか。

□(4) [記述] 手回し発電機Bが手回し発電機Aと同じように10回回らなかったのはなぜか。簡潔に書きなさい。[思]

□(5) エネルギーはいろいろなエネルギーに移り変わるが，エネルギーの全体量は一定量に保たれる。このことを何というか。

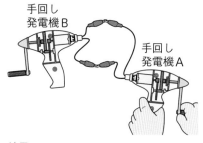

結果

	1回目	2回目	3回目
手回し発電機A	10回	10回	10回
手回し発電機B	5.5回	6回	5回

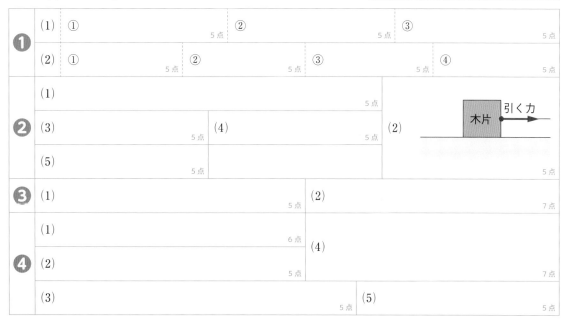

定期テスト予報 仕事を計算により求める問題や仕事の原理についての問題が出題されやすいでしょう。仕事や仕事率の求め方は確実に身につけて，仕事の原理もしっかり理解しておきましょう。

( )と □ にあてはまる語句を答えよう。

1 恒星と月

教科書 p.194〜195 ▶▶①

□(1) 太陽や星座を形づくる星々のように，自ら光や熱を出してかがやく天体を①(　　　　　)という。

□(2) 月がかがやいて見えるのは，①のように自ら光を出しているわけではなく，太陽の光を②(　　　　　)しているためである。

□(3) 月の表面には，③(　　　　　)とよばれる円形のくぼみが多数見られる。③は端(はし)の方ほどだ円形に見えることから，月は④(　　　)形をしていることがわかる。

2 太陽の黒点の観察

教科書 p.196〜199 ▶▶②

□(1) 望遠鏡の倍率＝(①(　　　　　)レンズの焦点距離(しょうてんきょり))÷
(②(　　　　　)レンズの焦点距離)

□(2) 太陽を観察する場合，太陽を望遠鏡で直接見てはいけない。また，望遠鏡のファインダーはとり外すか③(　　　　　)をしておく。

□(3) 太陽の表面に見られる黒い斑点(はんてん)を④(　　　　　)という。④は周囲よりも温度が低いため，黒っぽく見えている。

□(4) 望遠鏡を太陽に向け，図2のように記録用紙を固定し，太陽の⑤(　　　　)を記録用紙の円の大きさに合わせて投影(とうえい)する。太陽の⑤が記録用紙の円に対して大きすぎるときは，太陽投影板を接眼レンズに⑥(　　　　　)ると太陽の⑤は小さくなる。

□(5) 太陽の⑤は時間とともに少しずつ記録用紙の円から外れていく。このとき，太陽が記録用紙の円から外れていく方向が，太陽の⑦(　　　　)となる。

□(6) 太陽の黒点が図3のように動くのは，太陽が⑧(　　　　　)しているためで，中央部と周辺部での形から，太陽は⑨(　　　　)形をしていることがわかる。

□(7) 図の⑩〜⑫

図1

対物レンズ
接眼レンズ
赤道儀(せきどうぎ)
極軸(きょくじく)
⑩

図2

⑪
⑫
記録用紙

図3

10月10日	西		東
10月12日	西		東
10月14日	西		東

望遠鏡で見える像は，通常上下左右が逆になっていることに注意してね。

要点
●太陽のように，自ら光や熱を出してかがやく天体を**恒星**という。
●**黒点**が移動し，変形して見えることから，太陽は**球形**で**自転**をしている。

星空をながめよう(1)

1 図は，月の表面に見られる円形のくぼみである。　▶▶ **1**

□(1) 図の円形のくぼみを何というか。

（　　　　　　　）

□(2) 月が球形であることは，どのようなことから考えられる
か。次の⑦〜⑦から選び，記号を書きなさい。

（　　　　　　　）

⑦　円形のくぼみが無数に見られること。

④　円形のくぼみの大きさが位置に関係なく一定ではないこと。

⑦　円形のくぼみが，中央付近では円形に近いが，端ではだ円形に見えること。

□(3) 月は自ら光や熱を出していない。

①　太陽や星座を形づくる星々のように，自ら光や熱を出してかがやく天体を何というか。

（　　　　　　　）

②　記述 地球から見た月がかがやいているのはなぜか。簡潔に書きなさい。

（　　　　　　　　　　　　　　　　　）

2 図1のように，天体望遠鏡を用いて，太陽の像を記録した。図2は，1日目と5　▶▶ **1**
日目の同じ時刻に記録したものである。

□(1) 図1のA，Bの部分の名称
を書きなさい。

A（　　　　　）
B（　　　　　）
C（　　　　　）

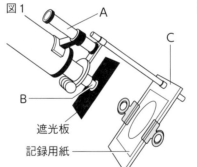

遮光板
記録用紙

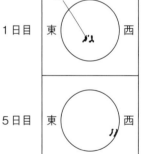

図2
1日目　東　　西
5日目　東　　西

□(2) 図2の黒い斑点Dを何とい
うか。

（　　　　　）

□(3) 太陽投影板に太陽の像を投影するとき，太陽投影板をBの部分に近
づけると，太陽の像の大きさはどうなるか。

（　　　　　）

□(4) 図2の1日目と5日目で，斑点Dが移動したのはなぜか。次の文の（　）に合う語句を書き
なさい。　　　　　　　　　　　　　　　　　⑦（　　　　）　④（　　　　）

図2の1日目と5日目で，斑点Dが移動していることから，太陽が（　⑦　）していることが
わかる。また，斑点Dの形の変化から，太陽の形は（　④　）であると考えられる。

ヒント **1** (3) 月は，太陽がある側が光って見える。
ヒント **2** (4)④ 月の表面の円形のくぼみの見え方が中央付近と周辺部でちがっているのと同じ。

( )と □ にあてはまる語句，数を答えよう。

1 太陽のつくり，太陽の活動と地球への影響

教科書 p.198～199　▶▶①

□(1) 太陽の大気の主な成分は気体の ①( ) であり，非常に高温であるため，物質はすべて ②( ) 体になっている。そのため，地球のように岩石などのような固体で表面がおおわれていない。

□(2) 太陽の直径は地球の約 109 倍と非常に大きいが，密度は地球の方が ③( )い。

□(3) 太陽をとり巻く高温のガスの層を ④( ) といい，太陽の表面から高温のガスが炎となり，激しくふき上がっている部分を ⑤( ) という。

□(4) 太陽の中心部の温度は，約 ⑥( )℃，表面の温度は約 ⑦( )℃である。黒点は約 ⑧( )℃で，まわりよりも温度が低いため黒い斑点に見えている。

□(5) 地球は，太陽が発生した光や ⑨( ) のエネルギーの一部を受けとっている。

□(6) 黒点の数は，太陽の活動のようすによって増減するので，太陽の活動のようすを知るための手がかりとなる。太陽の活動が活発になると，黒点の数は ⑩( )し，おだやかになると ⑪( )する。

□(7) 図の⑫～⑭

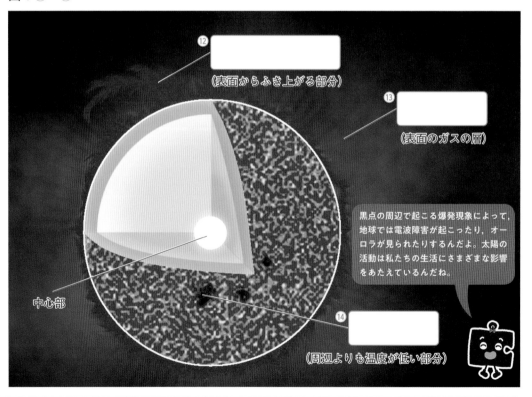

⑫ □
(表面からふき上がる部分)

⑬ □
(表面のガスの層)

黒点の周辺で起こる爆発現象によって，地球では電波障害が起こったり，オーロラが見られたりするんだよ。太陽の活動は私たちの生活にさまざまな影響をあたえているんだね。

中心部

⑭ □
(周辺よりも温度が低い部分)

要点
●太陽は高温の**気体**でできた天体。
●**黒点**の数の増減は，太陽の活動のようすを知るための手がかりとなる。

1 **図は，太陽の表面のようすを表したものである。** ▶▶ **1**

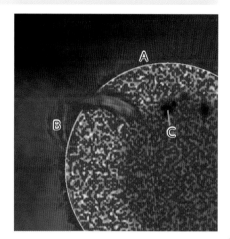

□(1) 図のAは，太陽をとり巻く高温のうすいガスの層である。このガスの層を何というか。

（　　　　　　　　）

□(2) 図のBは，高温のガスが炎となり，ふき上がっている部分を示している。この部分を何というか。

（　　　　　　　　）

□(3) 図のCは，太陽の表面に見られる黒い斑点の部分である。この部分を何というか。

（　　　　　　　　）

□(4) 太陽の表面の温度，Cの温度はそれぞれ何℃くらいか。次の㋐〜㋓からそれぞれ選び，記号で答えなさい。

太陽の表面の温度（　　　　）　Cの温度（　　　　）

㋐　約 4000 ℃　　㋑　約 6000 ℃　　㋒　約 10000 ℃　　㋓　約 15000 ℃

□(5) 地球と太陽の表面のようすについて比較（ひかく）したものとして，正しいものを次の㋐〜㋒から選び，記号で答えなさい。　　　　　　　　　　　　　（　　　　）

㋐　地球も太陽も岩石などの固体で表面がおおわれている。

㋑　地球は岩石などの固体で表面がおおわれるが，太陽は表面の黒い斑点の部分だけが固体で，そのほかの部分は全て気体でできている。

㋒　地球は岩石などの固体で表面がおおわれるが，太陽は全て気体となっていて，固体の表面をもたない。

□(6) 太陽の直径は，地球のおよそ何倍か。次の㋐〜㋓から選び，記号で答えなさい。

㋐　54 倍　　㋑　109 倍　　㋒　218 倍　　㋓　436 倍　　（　　　　）

□(7) 地球と太陽で，密度が大きいのはどちらか。　　　　　　　（　　　　）

□(8) 太陽の表面に見られるCの数について，正しいものを次の㋐〜㋓から選び，記号で答えなさい。　　　　　　　　　　　　　　　　　　　（　　　　）

㋐　Cの数は，太陽の活動が活発になると増加する。

㋑　Cの数は，太陽の活動がおだやかになると増加する。

㋒　Cの数は，太陽の活動のようすに関係なく増加したり減少したりする。

㋓　Cの数は決まっていて，増加したり減少したりすることはない。

ヒント　**1** (4) Cが黒く見えるのは，まわりよりも温度が低いためである。
ヒント　**1** (7) 太陽は主に気体の水素からできている。

第1章　地球の運動と天体の動き(1)

（　）と 　　 にあてはまる語句を答えよう。

1 天体の位置

教科書 p.202　▶▶ ①

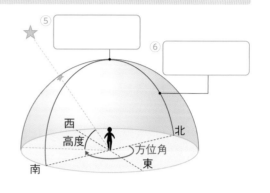

- □(1)　恒星は，自分を中心とした大きな球体の天井（てんじょう）にちりばめられたように見える。この見かけ上の球体の天井を①（　　　　　）という。

- □(2)　①の面上で，観測者の真上の点を②（　　　　　），②を通って南北を結ぶ線を③（　　　　　）という。

- □(3)　地上から観測する天体の位置は，①の半球面上での方位角と④（　　　　　）で表す。

- □(4)　図の⑤，⑥

2 太陽の1日の動き

教科書 p.203～205　▶▶ ②

- □(1)　透明（とうめい）半球と同じ大きさの①（　　　　　）をかき，①の中心に印をつけ，方位を合わせる。

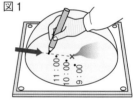

図1

- □(2)　サインペンの先のかげが①の②（　　　　　）にくるようにして，1時間ごとに記録し，時刻も記入しておく。印をつけた点をなめらかな線で結ぶ。

- □(3)　透明半球上の印の間隔（かんかく）から，一定時間ごとに太陽が動く距離（きょり）は③（　　　　　）であるとわかる。

図2

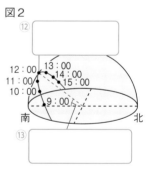

- □(4)　天体が天頂（てんちょう）より南側で子午線（しごせん）を通過することを④（　　　　　）といい，そのときの高度を⑤（　　　　　）という。

- □(5)　地球上から見た太陽は，東から西へ動いているように見える。これは，地球が北極と南極を結ぶ軸（じく）⑥（　　　　　）を中心に1日1回⑦（　　　　　）から⑧（　　　　　）へと自転しているために起こる見かけの動きである。

- □(6)　(5)のような，地球の⑨（　　　　　）による太陽の1日の見かけの動きを，太陽の⑩（　　　　　）という。

- □(7)　太陽の⑤は，観測地の⑪（　　　　　）度によって変わり，太陽の動き方はちがって見える。

- □(8)　図の⑫，⑬

南半球のシドニーでは，太陽は北の空で最も高くなるよ。

要点
- ●見かけ上の球体の天井を天球，観測者の真上の点を天頂という。
- ●地球の自転による太陽の1日の見かけの運動を太陽の日周運動という。

① **右の図は，空を球状に表したものを模式的に示したものである。** ▶▶ **1**

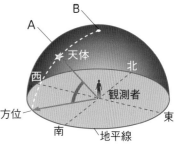

□(1) 空を球状に表した見かけ上の天井Aを何というか。

（　　　　　　）

□(2) (1)上の観測者の真上の点Bを何というか。

（　　　　　　）

□(3) 天体の位置は，方位角と，天体の方位角での地平線から
の角度で表す。地平線から天体までの角度を何というか。

（　　　　　　）

② **右の図は，透明半球を用いて，日本のある日の太陽の位置を一定時間ごとに記録
したあと，なめらかな線で結んだものである。** ▶▶ **2**

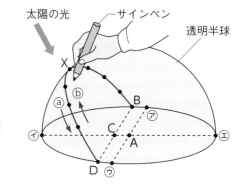

□(1) サインペンで透明半球に印をつけるとき，ペンの
先のかげがどこにくるようにするか。図のA〜D
から選び，記号で書きなさい。　　（　　　　）

□(2) 太陽は，図の@，⑥のどちらの向きに動いていく
か。記号で書きなさい。　　　　　（　　　　）

□(3) 日の出の太陽の位置はどれか。図のA〜Dから選
び，記号で書きなさい。　　　　　（　　　　）

□(4) 太陽が図のX（子午線上）にくることを何というか。

（　　　　　　）

□(5) この日の太陽の南中高度はどれか。次の①〜④から選び，番号を書きなさい。（　　　　）

① X，C，⑦でつくられる角度

② X，A，⑦でつくられる角度

③ X，C，Bでつくられる角度

④ X，C，Dでつくられる角度

□(6) 太陽の動きとして正しいものはどれか。次の①〜④から選び，番号を書きなさい。

（　　　　　　）

① 太陽は午前中の方が午後より速く動く。

② 太陽は午前中より午後の方が速く動く。

③ 太陽は午前10時から午後2時までの間，速く動く。

④ 太陽は1日中，同じ速さで動く。

ヒント ②(3) 太陽は1日に1回，東の空からのぼり，南の空を通って，西の空にしずむように動いて見える。

ヒント ②(5) 南中高度は，南中したときの太陽－観察者－地上面の真南の方向でつくられる角度である。

( )と□□□にあてはまる語句，記号を答えよう。

1 地球上の方位と時刻

教科書 p.206 ～ 207　▶▶ ①

□(1)　図1は，北極点の真上から見た地球を表している。図1の
ように，地球上のどの地点においても，北はいつでも
①(　　　　　　　)の方向である。

□(2)　図1において，太陽が東の空に見える㋐が朝，太陽が南
の空に見える②(　　　　　)が昼，太陽が西の空に見える
③(　　　　)が夕方となる。

図1 北極点　太陽の光

自転の向き ㋐

□(3)　図2において，㋖のように，太陽が④(　　　　　)する
ときの時刻が，その地点での正午(午後0時)である。㋕
は⑤(　　　　　)時，㋗は⑥(　　　　　)時，㋘は
⑦(　　　　)時である。

□(4)　(3)のように，地球上でのおおよその時刻は，太陽と観測
点の位置関係によって決まる。

図2 北極点　太陽の光

東京

緯度0°　自転の向き

2 星の1日の動き

教科書 p.208 ～ 211　▶▶ ②

□(1)　星の動きを記録した記録用紙を，透明半球の
外側にはりつけ，星の1日の動きを透明半球
の内側にサインペンでなぞっていく。

南　西

東　北

記録用紙　透明半球

□(2)　㋐の北の空では，①(　　　　　)を中心に，
②(　　　　　)回りに回転して見える。

□(3)　㋑の東の空では，右ななめ上に，㋒の南
の空では③(　　　)から④(　　　　)
へ，㋓の西の空では⑤(　　　)ななめ
下に移動しているように見える。

㋐　　　　　　　　北極星

□(4)　空全体では，地軸を延長した
軸を中心として，星がはりつ
いた天球が東から西へ回転す
るように見える。これは，地
球の⑥(　　　　　)によって
起こる見かけの動きである。

㋑

㋒

㋓

要点
●地球上のどの地点でも，北はいつでも北極点の方向。
●北の空の星は，北極星を中心に，反時計回りに回転しているように見える。

1 図は，地球を北極点の真上から見たときの模式図である。 ▶▶ **1**

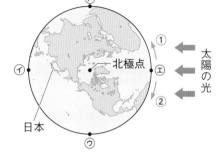

□(1) 地球の自転の向きは図の①，②のどちらか。
（　　　　　　）

□(2) 図の㋐の地点は何時ごろか。次の①〜④から選び，番号を書きなさい。 （　　　　　　）

① 正午ごろ　　　② 午後3時ごろ

③ 午後6時ごろ　④ 午後9時ごろ

□(3) 図で，真夜中の地点と日の出の地点を示しているものはどれか。それぞれ図の㋐〜㋓から選び，記号で書きなさい。　真夜中の地点（　　　）　日の出の地点（　　　）

□(4) 図の㋐の地点は6時間後にはどの位置にあるか。図の㋐〜㋓から選び，記号で書きなさい。
（　　　　　　）

□(5) 日本の位置から見た北はどの方向にあるか。次の①〜③から選び，番号を書きなさい。

① いつも北極点の方向にある。 （　　　　　　）

② いつも南極点の方向にある。

③ いつも太陽の方向にある。

2 図は，ある日の夜，日本のある場所で，東西南北それぞれの方位の星を観察し，記録したものである。 ▶▶ **2**

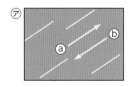 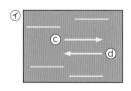 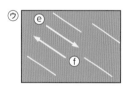 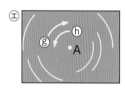

□(1) 図の㋐〜㋓は，それぞれ東，西，南，北のどの方位の星を観察したものか。
㋐（　　　）　㋑（　　　）　㋒（　　　）　㋓（　　　）

□(2) 図の㋐〜㋓の星は，それぞれどのように動くか。図の@〜hからそれぞれ選び，記号で書きなさい。　㋐（　　　）　㋑（　　　）　㋒（　　　）　㋓（　　　）

□(3) 図の㋓の中心付近にある，恒星Aを何というか。 （　　　　　　）

□(4) 記述 星が1日に1回地球のまわりを回るように見えるのはなぜか。理由を簡潔に書きなさい。
（　　　　　　　　　　　　　　　　　　　　　　　　　）

ヒント　**1** (1) 北極の上空から見ると，地球は反時計回りに自転している。

ヒント　**2** (4) 天体の日周運動も，太陽の日周運動と同じ原因で起こる。

① 図1のように，天体望遠鏡を用いて太陽の像を記録した。図2は9月1日から9月5日までの同じ時刻に記録した記録用紙を示したものである。　　25点

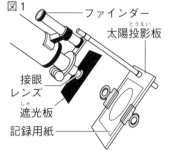

- □(1) 記述 天体望遠鏡で太陽を観察するとき，安全のために注意しなければいけないことは何か。簡潔に書きなさい。技
- □(2) 図2で，黒点は太陽の表面をどちらの方位からどちらの方位へ移動しているか。思
- □(3) 記述 (2)で，黒点の位置が移動しているのはなぜか。簡潔に書きなさい。
- □(4) 記述 太陽の活動と黒点の数の関係についていえることを，簡潔に書きなさい。

② 図は，透明半球を使って，日本のある地点で太陽の動きを1時間ごとに調べたもので，BC＝6cm，AD＝16.5cmであった。　　22点

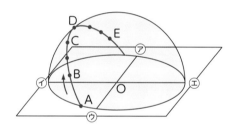

- □(1) 図の透明半球では，⑦〜㊀の，どの点とどの点を結んだ線を南北の方向に合わせているか。
- □(2) 太陽が子午線上の点Dにくることを何というか。
- □(3) 記述 点Bから点Eまで，点の間隔は一定だった。このことから，一定時間ごとに太陽が動く距離はどうなっているといえるか。簡潔に書きなさい。
- □(4) 計算 この日の日の出の時刻は何時何分ごろか。

③ 図は，春分の日の北極付近，オーストラリア付近，日本付近，赤道付近の太陽の日周運動のようすをそれぞれ示したものである。　　18点

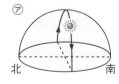
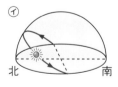
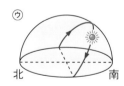
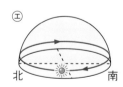

- □(1) 春分の日の，①北極付近，②オーストラリア付近，③日本付近，④赤道付近の太陽の日周運動のようすを表したものはどれか。上の⑦〜㊀からそれぞれ選び，記号で書きなさい。
- □(2) 記述 ⑦〜⑦の太陽の動き方について，共通している点はどのようなことか。「太陽は，」に続けて簡潔に書きなさい。思

❹ 図は，ある日の午後8時と午後10時に日本のある方位の星の位置を記録したものである。

22点

□(1) 図はどの方位の星を記録したものか。東，西，南，北から選んで書きなさい。

□(2) 図の星座について，午後8時に撮影したのは⑦，⑦のどちらか。⟨思⟩

□(3) 図の⑦にある星座が再び⑦の位置に見えるようになるのは約何時間後か。次の①～④から選び，番号を書きなさい。
　　　① 約6時間後　　　② 約12時間後　　　③ 約18時間後　　　④ 約24時間後

□(4) 図のXの恒星が2時間たってもほとんど移動していなかったのは，この恒星が天球上の何という点の近くにあるためか。

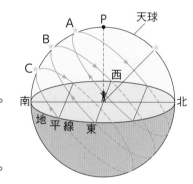

❺ 図は，天体の運動を考えるモデルで，Pは観測者の真上の点である。天球上の星A・B・Cは同時刻に南中するものとする。また，南中したとき，AとBの天球上の距離とBとCの天球上の距離は等しい。

13点

□(1) 観測者の真上の天球上の点Pのことを何というか。

□(2) 南中高度が最も大きいものはA～Cのどれか。次の⑦～⑨から1つ選び，記号で書きなさい。
　　　⑦ A　　　⑦ B　　　⑨ C　　　⑨ どれも同じである。

□(3) 地平線から出る時刻が最も早いものはA～Cのどれか。次の⑦～⑨から1つ選び，記号で書きなさい。⟨思⟩
　　　⑦ A　　　⑦ B　　　⑨ C　　　⑨ どれも同じである。

	(1)		(2)	
❶		8点		5点
	(3)			4点
	(4)			8点
❷	(1)　　　　　と	5点	(2)	4点
	(3)	5点	(4)	8点
❸	(1) ①	3点 ②	3点 ③	3点 ④	3点
	(2) 太陽は，			6点
❹	(1)	4点 (2)	8点 (3)	4点 (4)	6点
❺	(1)	3点 (2)	5点 (3)	5点

定期テスト予報　透明半球を使った太陽の1日の動きの観察の問題が出題されやすいでしょう。
印をつけるときのペン先の位置や，印と印の間隔の特徴などをつかんでおきましょう。

（　）と□にあてはまる語句，数字を答えよう。

1 星座の1年の動き

教科書 p.212〜214　▶▶❶

□(1) 図の星座は① (　　　　　) の季節を代表する星座, ② (　　　　　) 座である。

□(2) ②座を1か月ごとに同じ時刻に観察すると, ③ (　　　　) から④ (　　　　) へと位置が変わって見える。

□(3) 地球上では太陽の⑤ (　　　　) 側が真夜中となるため, ⑥ (　　　　) 軌道上の地球の位置によって真夜中に見える星座が移り変わる。

□(4) 図の⑦〜⑩

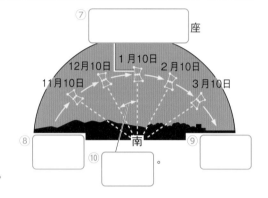

2 地球の公転と星座の移り変わり

教科書 p.213〜216　▶▶❷

□(1) 地球は太陽のまわりを1年に① (　　　　) 回, ② (　　　　) しているため, 季節によって見える星座の見え方が変わる。

□(2) 同じ時刻に見える星座の位置は, 1日に約③ (　　　　) °ずつ④ (　　　　) から⑤ (　　　　) へ動き, 季節とともに見える星座が変わる。これは地球の②によって生じる見かけの動きで, 天体の⑥ (　　　　) という。

□(3) 天球上では, 太陽は星座の間を⑤から④へ移動しているように見え, 1年たつと再び同じ場所にもどっている。この天球上での太陽の通り道を⑦ (　　　　) という。

□(4) 図の⑧〜⑩

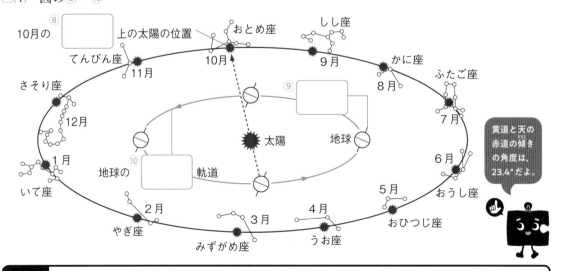

黄道と天の赤道の傾きの角度は, 23.4°だよ。

要点	●1か月後の同じ時刻のオリオン座は, 西へ移動している。 ●地球の公転による天体の見かけの動きを, 天体の年周運動という。

第1章　地球の運動と天体の動き(3)

1 図は，1月15日午後8時に，南の空を観測したときに見えた星座をスケッチしたものである。　▶▶ 1

□(1) この星座の名前を書きなさい。

（　　　　　　　　　）

□(2) この星座が，午後8時にXの位置に見えるのはいつごろか。次の①～④から選び，番号を書きなさい。　（　　　）

① 12月31日　　② 1月10日

③ 1月30日　　④ 2月10日

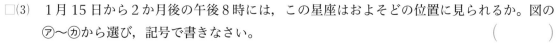

□(3) 1月15日から2か月後の午後8時には，この星座はおよそどの位置に見られるか。図の⑦～⑪から選び，記号で書きなさい。　（　　　）

□(4) (3)のように，同じ時刻に見える星座の位置が動くのは，地球の何という運動によって起こるのか。　（　　　　　　　）

2 図は，太陽のまわりを回る地球と天球上の主な星座を示したものである。　▶▶ 2

□(1) 地球が夏の位置にあるとき，ふたご座を見ることができないのはなぜか。次の⑦～⑨から選び，記号で書きなさい。

（　　　）

⑦ ふたご座の放つ光が非常に弱いから。

④ ふたご座が太陽の背後に位置するから。

⑨ 地球からふたご座までの距離が非常に大きいから。

□(2) 地球が夏の位置にあるとき，真夜中に南中する星座はいて座，おとめ座，ふたご座，うお座のうちどれか。星座名を書きなさい。　（　　　　　　　）

□(3) 地球が夏の位置にあるとき，夕方に東の空に見える星座はいて座，おとめ座，ふたご座，うお座のうちどれか。星座名を書きなさい。　（　　　　　　　）

□(4) 図のAは，星座の間を動いていくように見える太陽の通り道を示したものである。この太陽の通り道を何というか。　（　　　　　　　）

□(5) 太陽が星座の間を移動し，1年たって再び同じところにもどってくる動きのことを何というか。　（　　　　　　　）

□(6) 太陽は見かけ上，星座の間を「東から西」「西から東」のどちらの向きに移動しているように見えるか。　（　　　　　　　）

ヒント ❶ (3)同じ時刻に観察すると，星座は1日に約1°ずつ東から西へ動く。

ヒント ❷ (6)同じ時刻に見える星座の位置は，日々東から西へと動いて見える。

( )と□にあてはまる語句を答えよう。

1 季節が変化する理由

教科書 p.218 〜 221　▶▶ **1** **2**

□(1) 地球は ① ( )面に垂直な方向に対して地軸（ちじく）
を約 ② ( )° 傾（かたむ）けたまま①しているので，北
半球では ③ ( )のころは南中高度が高く，
④ ( )のころは南中高度が低い。

□(2) 季節による日の出と日の入りの位置は，夏至（げし）のころに
は ⑤ ( )寄りになり，冬至（とうじ）のころには
⑥ ( )寄りに，春分（しゅんぶん）・秋分（しゅうぶん）では太陽は
⑦ ( )からのぼり，⑧ ( )にしずむ。

□(3) 夏至の日には昼の長さが最も ⑨ ( )く，冬至の
日には最も ⑩ ( )くなり，春分・秋分の日には
昼の長さと夜の長さがほぼ ⑪ ( )になる。

□(4) 季節の変化が生じるのは地球が ⑫ ( )を傾け
たまま太陽のまわりを①しているため，季節ごとに地
表の ⑬ ( )が変化するためである。

□(5) 図の⑭〜⑱

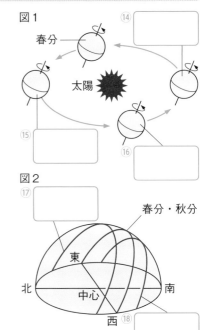

図1
⑭ □
春分
太陽
⑮ □
⑯ □

図2
⑰ □
春分・秋分
東
北　中心　南
西　⑱ □

2 季節による気温の変化

教科書 p.219 〜 220　▶▶ **3**

□(1) 夏至のころには，太陽の南中高度が高く，太陽が出ている時間(昼の長さ)が ① ( )
くなる。

□(2) 太陽が出ている時間が①いほど，気温は ② ( )くなる。

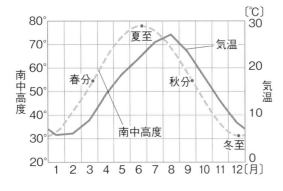

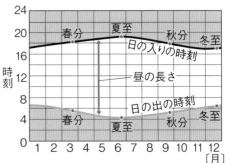

要点　●地軸は地球の公転面に垂直ではなく，23.4°傾いている。季節の変化の原因は，太陽の南中高度の変化と昼の長さである。

1 図は，日本における冬至の日，春分・秋分の日，夏至の日の太陽の通り道を示したものである。 ▶▶

□(1) 図で，北の方位はどれか。図のA～Dから選び，記号で書きなさい。 （　　　）

□(2) 図のように，太陽の通り道が季節によって変わるのはなぜか。次の文の①，②の（　）に合う言葉を書きなさい。 ①（　　　　） ②（　　　　）

　地球が公転面に垂直な方向に対して（　①　）を傾けたまま（　②　）しているから。

□(3) [記述] 春分・秋分の日の太陽の通り道は，図の3つの通り道のどれかを，X，Y，Zの記号で書き，また，その通り道を選んだ理由を簡潔に書きなさい。

　　　　記号（　　　　）　　理由（　　　　　　　　　　　　　　　　　　　）

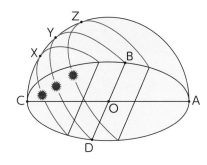

2 図は，太陽のまわりを回る地球の3か月ごとの位置を示したものである。 ▶▶ **1**

□(1) 地球が太陽のまわりを回る向きは，図の@，⑥のどちらか。 （　　　）

□(2) 日本が春をむかえている地球の位置を図のA～Dから選び，記号で書きなさい。 （　　　）

□(3) 日本で昼の長さが最も長くなるのは地球がどの位置にあるときか。図のA～Dから選び，記号で書きなさい。 （　　　）

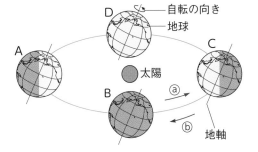

3 図は，日本のある地点における太陽の南中高度を記録したものである。 ▶▶ **2**

□(1) 冬至の日の南中高度を示しているのはどれか。図の@～①から1つ選び，記号で書きなさい。 （　　　）

□(2) 季節による気温の変化に影響するものは何か。太陽の南中高度のほかに1つ書きなさい。 （　　　）

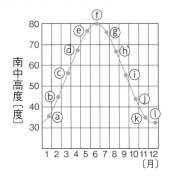

ヒント **1** (3) 北半球では，夏至のころに南中高度が高く，冬至のころは低い。

ヒント **3** (2) 南中高度が高いほど太陽が出ている時間は長い。

第1章　地球の運動と天体の動き(2)

時間 30分　／100点　合格 70点　解答 p.25

1 図は，ある日のオリオン座の位置を一定時間ごとに観測しスケッチしたもので，⑰は午後11時の位置である。

24点

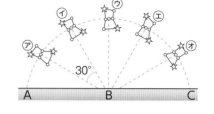

□(1) 図のA，B，Cの方位の組み合わせとして正しいものを，次の①〜④から選び，番号を書きなさい。
①　A…西　B…東　C…北
②　A…東　B…南　C…西
③　A…西　B…東　C…南
④　A…東　B…北　C…西

□(2) この日の午後7時には，オリオン座はどこに見えたか。図の⑦，⑦，⑦，⑦から選び，記号で書きなさい。思

□(3) 図のように，1日のうちでオリオン座の見える位置が変わるのは，地球が何という運動をしているからか。

□(4) 1か月後の午後11時には，オリオン座はどこに見えるか。図の⑦〜⑦から選び，記号で書きなさい。思

□(5) もし，日中にも星が見えるとした場合，オリオン座が午前11時に⑰の位置に見えるのは，この観測をした日から何か月後になるか。思

2 図は，太陽のまわりを回る地球と，天球上を太陽が通る道筋にある4つの星座の位置関係を示したものである。

30点

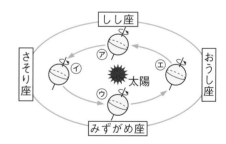

□(1) 北半球より南半球に太陽の光がよく当たる地球の位置を図の⑦〜⑦から選び，記号で書きなさい。

□(2) 天球上の太陽が通る道筋を何というか。

□(3) 地球が図の⑦の位置にあるとき，日本で真夜中に南中する星座はどれか。図の星座名を書きなさい。

□(4) 地球が図の⑦の位置にあるとき，日本で夕方に南の方角に見える星座はどれか。図の星座名を書きなさい。

□(5) 地球が図の⑦の位置にあるとき，日本で1日中見ることのできない星座はどれか。図の星座名を書きなさい。

□(6) 地球が図の⑦の位置から移動するにつれ，地球から見た太陽は，星座の間をどのような順で動いていくように見えるか。次の①〜④から選び，番号を書きなさい。思
①　さそり座→みずがめ座→おうし座→しし座
②　さそり座→しし座→おうし座→みずがめ座
③　おうし座→しし座→さそり座→みずがめ座
④　おうし座→みずがめ座→さそり座→しし座

❸ 図は日本での春分・夏至・秋分・冬至の日の地球の位置と，太陽の通り道付近に見られる4つの星座の位置を模式的に示したものである。 29点

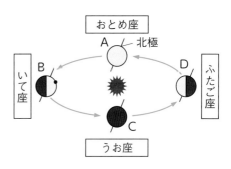

- □(1) 冬至の日は，地球が図のA～Dのどこにあるときか。記号で書きなさい。

- □(2) 北緯35°の地点では，夏至の日の南中高度は何度になるか。なお，地球の地軸は，公転面に垂直な方向から23.4°傾いている。 思

- □(3) 作図 図のBの●は日本の位置を表している。日本と同じ緯度で昼のところを，解答欄に線でかきこみなさい。 技

- □(4) 地球が図のBの位置にあるとき，真夜中の南の空に見える星座は何か。また，その星座は，3か月後の同じ時刻にはどの方位に見られるか。 思

❹ 図1は春分，夏至，秋分，冬至のいずれかの太陽の1日の動きを，図2は1年間の日の出と日の入り時刻の変化を示したものである。 17点

- □(1) 図1の㋐の日を次の①～④から選び，番号を書きなさい。
    - ① 春分
    - ② 夏至
    - ③ 秋分
    - ④ 冬至

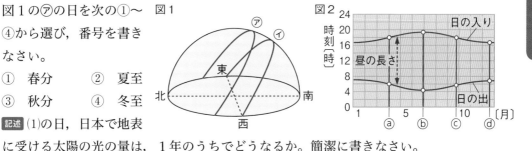

- □(2) 記述 (1)の日，日本で地表に受ける太陽の光の量は，1年のうちでどうなるか。簡潔に書きなさい。

- □(3) 図1の㋑は，㋐を記録した日から9か月後に記録したものである。この日の日の出と日の入りの時刻を示しているものを図2の@～@から選び，記号で書きなさい。 思

❶	(1) 　4点	(2) 　5点	(3) 　5点	(4) 　5点	(5) 　5点

❷	(1) 　5点		(2) 　5点		(3) 　5点
	(4) 　5点		(5) 　5点		(6) 　5点

❸	(1) 　5点		(2) 　7点	(3)	
	(4) 星座 　5点		方位 　5点		7点

❹	(1) 　5点	(2) 　7点			(3) 　5点

（　）と □ にあてはまる語句を答えよう。

1 月の満ち欠け

教科書 p.224 〜 227　▶▶ ❶

□(1) 月は ①（　　　　　）体で，太陽の光を ②（　　　　　）して光っている。

□(2) 同じ時刻の月は，毎日形を変えながら，見える位置が ③（　　　　　）の空から ④（　　　　　）の空へ変わっていく。

□(3) (2)から，月は，北極星側から見て ⑤（　　　　　）回りに地球のまわりを公転していることがわかる。

□(4) 月のように，惑星のまわりを公転する天体を ⑥（　　　　　）という。

□(5) 月が南中する時刻は，1日に約 ⑦（　　　　　）時間ずつおそくなる。

□(6) 図の⑧〜⑩

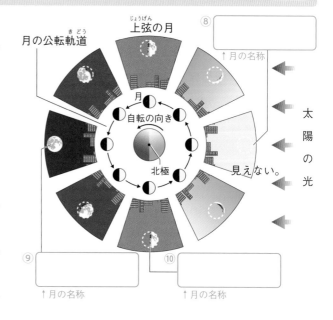

2 日食と月食

教科書 p.228 〜 229　▶▶ ❷

□(1) 地球から見て，①（　　　　　）が ②（　　　　　）に重なり，②がかくされる現象を，③（　　　　　）という。

□(2) ③は太陽と地球と月が，太陽 − ④（　　　　　）− ⑤（　　　　　）の順に一直線に並んだときに起こる。このときの月の形は ⑥（　　　　　）月である。

□(3) 地球から見て，⑦（　　　　　）が ⑧（　　　　　）のかげに入る現象を，⑨（　　　　　）という。

□(4) ⑨は太陽と地球と月が，太陽 − ⑩（　　　　　）− ⑪（　　　　　）の順に一直線に並んだときに起こる。このときの月の形は ⑫（　　　　　）月である。

□(5) 図の⑬，⑭

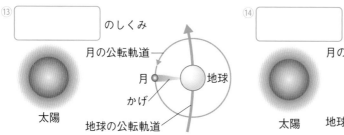

⑬ □　のしくみ

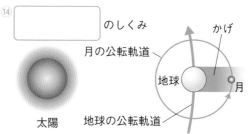

⑭ □　のしくみ

要点

●同じ時刻の月は，毎日形を変えながら，見える位置が西から東へ変わる。
●太陽 − 月 − 地球の順に一直線に並ぶと日食が起こる。

1 図は，太陽，地球，月の位置関係を示したものである。　▶▶ **1**

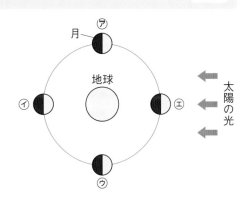

月　⑦

地球

④

太陽の光

⑤

□(1)　月のように，惑星のまわりを公転する天体を何というか。　（　　　　　）

□(2)　月を見ることができない位置はどれか。図の⑦〜⑤から選び，記号で書きなさい。（　　　　　）

□(3)　真夜中に南中する月はどれか。図の⑦〜⑤から選び，記号で書きなさい。（　　　　　）

□(4)　太陽が西の空にしずむころ，東の空からのぼってくる月はどれか。図の⑦〜⑤から選び，記号で書きなさい。（　　　　　）

□(5)　月が東の空からのぼり，南の空を通り，西の空にしずむように見えるのはなぜか。次の①〜④から選び，番号を書きなさい。　（　　　　　）

　①　地球が東から西へ自転しているから。

　②　地球が西から東へ自転しているから。

　③　地球が，北極側から見て反時計回りの方向に公転しているから。

　④　地球が，北極側から見て時計回りの方向に公転しているから。

□(6)　作図 ⑤の月が南中しているとき，肉眼で光って見える部分はどのような形か。右の図にかげになっている部分をぬりつぶして表しなさい。

2 図1，図2は，太陽，地球，月の位置関係を表したものである。　▶▶ **2**

□(1)　図1のように，太陽，月，地球が一直線上に並んだとき，太陽がかくされる現象を何というか。　（　　　　　）

図1
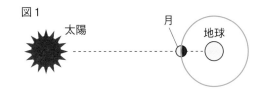
太陽　　月　地球

□(2)　(1)のときの月の見え方を，次の⑦〜⑤から選び，記号で書きなさい。　（　　　　　）

　⑦　満月　　　　④　上弦の月
　⑤　下弦の月　　⑤　新月(見えない)

図2

太陽　　　地球　月

□(3)　太陽がすべてかくされる(1)を何というか。
（　　　　　）

□(4)　図2のように，太陽，地球，月が一直線に並んだとき，月がかくされる現象を何というか。
（　　　　　）

□(5)　(4)のとき，月がかくされて黒くなった部分は何のかげがうつったものか。　（　　　　　）

ヒント ❶ (6)月のどちら側に太陽があるかをイメージし，月が光って見える部分を考えよう。

ヒント ❷ (5)月に当たる太陽の光をさえぎっているものは何かを考えよう。

単元4　地球と宇宙 ─ 教科書224〜229ページ

第2章　月と金星の見え方(2)

( )と〔　〕にあてはまる語句を答えよう。

1 金星の見え方

教科書 p.230〜233 ▶▶ ❶ ❷

□(1) 金星は，自ら光を出してかがやく恒星(こうせい)ではなく，月のように ①( )の光を反射して光っているため，満ち欠けして見える。

□(2) 金星は，太陽のまわりを公転する ②( )の1つである。

□(3) 金星の光っている部分から，金星と太陽の位置関係がわかる。

□(4) 金星の東側(左側)が光って見えるときは，金星は地球から見て太陽の ③( )側にある。このとき，金星は ④( )方にしか観察することはできず，⑤( )の空にかがやいて見える。このとき見られる金星を，④の明星という。

□(5) 金星の西側(右側)が光って見えるときは，金星は地球から見て太陽の ⑥( )側にある。このとき，金星は ⑦( )方にしか観察することはできず，⑧( )の空にかがやいて見える。このとき見られる金星を，⑨( )の明星という。

□(6) 地球から見た金星の大きさは変化し，金星が地球から遠いときは ⑩( )く見え，地球に近いときは ⑪( )く見える。

□(7) 金星は満ち欠けし，金星が地球から遠いときは欠け方が ⑫( )く，地球に近いときは欠け方が ⑬( )い。

□(8) 金星のように，地球よりも内側を公転する惑星(わくせい)を ⑭( )，火星のように地球よりも外側を公転する惑星を ⑮( )という。⑭は地球が真夜中のとき，太陽の側にあるので見ることはできないが，⑮は位置によっては真夜中に見ることができる。

□(9) 図の ⑯〜⑱

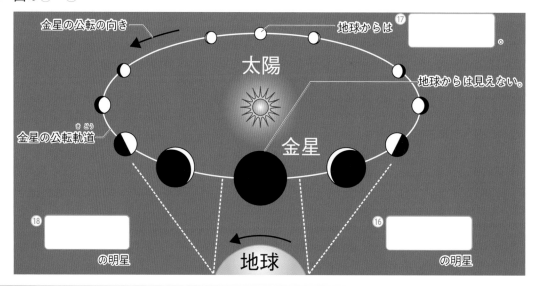

要点
● 内惑星である金星は，明け方の東の空か夕方の西の空にしか見えない。
● 金星が地球から遠い位置にあるほど，大きさは小さく，欠け方も小さくなる。

① 図は，太陽，金星，地球の位置関係を示したものである。　▶▶ **1**

□(1) 金星や地球のように太陽のまわりを公転している天体を何というか。（　　　　）

□(2) 金星の公転の向きは，図の@，ⓑのどちらか。（　　　　）

□(3) 金星が④の位置のとき，地球ではいつごろ，どの方向に見えるか。次の①～④から選び，番号を書きなさい。（　　　　）
　① 明け方，東の空に見える。
　② 明け方，西の空に見える。
　③ 夕方，東の空に見える。
　④ 夕方，西の空に見える。

□(4) 図の⑰と⑦の位置にある金星を観測したとき，観測した金星の見かけの大きさの説明として正しいものを，次の①～③から選び，番号を書きなさい。（　　　　）
　① ⑰の位置にある方が小さく見える。　　② ⑰の位置にある方が大きく見える。
　③ ⑰の位置と⑦の位置でほぼ同じ大きさに見える。

□(5) 地球から観測したときに，見ることのできない金星はどれか。図の⑦～⑦からすべて選び，記号で書きなさい。（　　　　）

□(6) 記述 真夜中に金星を地球から観測できないのはなぜか。「公転軌道」という語句を用いて，簡潔に説明しなさい。
（　　　　　　　　　　　　　　　　　　　　　　　）

② 図は，日本のある場所で，ある日の夕方に観測された金星の位置と，その形を拡大して肉眼で見たときのように示したものである。　▶▶ **1**

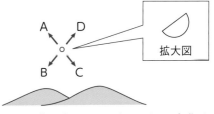

□(1) 図は，東・西・南・北のどの方位の空を観測したものか。（　　　　）

□(2) 観測を続けると，この日の金星はどの向きに動くか。図のA～Dから選び，記号で書きなさい。（　　　　）

□(3) この日からしばらくの間観察を続けると，金星の見かけの形や大きさはどのように変化するか。次の⑦～⑦から1つ選び，記号で書きなさい。（　　　　）

ヒント ❶ (6)地球上で真夜中の地点は，太陽と反対側を向いている。
ヒント ❷ (3)この日からしばらくの間金星と地球の距離はさらに近づく。

第3章　宇宙の広がり(1)

（　）と　◻◻　にあてはまる語句を答えよう。

1 太陽系の天体

教科書 p.236〜239　▶▶①

◻(1)　太陽を中心とし，そのまわりを公転する天体や空間を①（　　　　　　　）という。

◻(2)　太陽系の天体には，太陽から近い順に，②（　　　　　）星，金星，地球，③（　　　　　）星，木星，④（　　　　　）星，天王星，海王星の8つの惑星がある。これら8つの惑星は，ほぼ同じ平面上で同じ向きに太陽のまわりを⑤（　　　　　）している。太陽から遠い惑星ほど，公転周期は，⑥（　　　）い。

◻(3)　8つの惑星は，小型で密度が大きい⑦（　　　　　）型惑星と，大型で密度が小さい⑧（　　　　　）型惑星の2つに分けられる。⑦型惑星は，水星，⑨（　　　　　）星，地球，火星の4つ。木星，土星，⑩（　　　　　）星，海王星の4つは⑧型惑星である。⑧型惑星の中でも，⑪（　　　　　）星は，太陽系最大の惑星である。

◻(4)　⑦型惑星は，主に⑫（　　　　　）からできていて，太陽に近い位置を公転しているため，表面温度は⑧型惑星に比べて⑬（　　　　　）い。

◻(5)　⑧型惑星は，氷や岩石などからできた環をもつ。また，木星のように，エウロパ，カリスト，ガニメデ，イオのような⑭（　　　　　）を多くもっていることも，⑧型惑星の特徴である。

◻(6)　木星や土星は主に⑮（　　　　　）体でできている。また，天王星や海王星は⑮体のほかに大量の氷をふくむ。

◻(7)　太陽系には，8つの惑星以外にも，月のように惑星のまわりを公転する⑯（　　　　　）のほか，小惑星やすい星，太陽系外縁天体など多くの天体が存在している。

◻(8)　小惑星は，主に⑰（　　　　　）星と木星の軌道の間にある。

◻(9)　すい星は，太陽に⑱（　　　　　）と美しい尾を見せることがある。

◻(10)　めい王星のように，海王星よりも外側を公転する天体を⑲（　　　　　）という。

◻(11)　図の⑳〜㉕

惑星　太陽　水星　地球　天王星　海王星

要点　●太陽系の惑星は，地球型惑星と木星型惑星に分けられる。

第3章　宇宙の広がり(1)

1 図は，太陽とそのまわりを回る惑星を表している。　▶▶ **1**

□(1) 惑星A～Gの名前を，それぞれ書きなさい。

A（　　　　　）　　B（　　　　　）
C（　　　　　）　　D（　　　　　）
E（　　　　　）　　F（　　　　　）
G（　　　　　）

□(2) 太陽とそのまわりを回っている天体や空間
を何というか。　　　　（　　　　　）

□(3) 太陽のまわりを回る周期が最も短い惑星は
どれか。図のA～Gから1つ選び，記号で
書きなさい。　　　　　（　　　　　）

□(4) 惑星が太陽のまわりを回る運動について述べた文として最も適切なものはどれか。次の㋐
～㋒から1つ選び，記号で書きなさい。　　　　　　　　　　　　　　（　　　　　）

　㋐　同じ平面上を運動するが，惑星により回る向きは異なる。

　㋑　同じ平面上を運動し，地球と同じ向きに回る。

　㋒　異なる平面上を運動するが，地球と同じ向きに回る。

□(5) 赤道半径が最も大きい惑星はどれか。図のA～Gから1つ選び，記号で書きなさい。

（　　　　　）

□(6) 惑星A～Cは主に何でできているか。次の㋐～㋓から1つ選び，記号で書きなさい。

　㋐　水素　　㋑　酸素　　㋒　氷　　㋓　岩石　　　　　　　　（　　　　　）

□(7) 惑星D～Gは水素やヘリウムなどの軽い物質でできていて，大きさ・質量は大きいが，平
均密度は小さい。このような惑星のことを何というか。　　　　（　　　　　）

□(8) 惑星A～Cと惑星D～Gの表面温度について述べた文として，最も適切なものはどれか。
次の㋐～㋒から1つ選び，記号で書きなさい。　　　　　　　　（　　　　　）

　㋐　惑星A～Cの表面温度は，惑星D～Gと比べて高い。

　㋑　惑星A～Cの表面温度は，惑星D～Gと比べて低い。

　㋒　惑星A～Cの表面温度は，惑星D～Gとほぼ等しい。

□(9) 多くは火星と木星の間の軌道を回る，不規則な形をした天体を何というか。

（　　　　　）

□(10) 氷や小さな石の粒が集まってできており，太陽のまわりを細長いだ円軌道で公転し，太陽
に近づくと尾をつくることがある天体を何というか。　　　　（　　　　　）

□(11) めい王星のように，図の惑星よりも外側を公転する天体を何というか。

（　　　　　）

ヒント **1** (3) 図の円は公転軌道を表している。
ヒント **1** (6) 惑星 A～Cは惑星D～Gと比べて小型で，密度が大きい。

( )と□にあてはまる語句を答えよう。

1 宇宙の広がり

教科書 p.240〜242 ▶▶①

□(1) 地球と太陽以外の恒星（こうせい）との間の距離（きょり）は，非常に①(　　　　　　　)ため，太陽以外の恒星は，肉眼（にくがん）では小さな点のようにしか見ることはできない。

□(2) 天体間の距離は，非常に①ので，距離の単位には，ふつう「天文単位」や「②(　　　　　　)」を使う。天文単位は，太陽と地球との間の距離を1天文単位とする。また，②は，光が1年間に進む③(　　　　　)を1②としている。

□(3) 数億〜数千億個の恒星が集まったものを④(　　　　　)という。

□(4) 私たちが住んでいる地球は，太陽を中心とした天体の集まりである⑤(　　　　　)に属している。⑤は，約2000億個の恒星からなる⑥(　　　　　)という④に属している。

□(5) 銀河系は，渦（うず）を巻いた⑦(　　　　　)状の形をしている。

□(6) 地球上から見える天の川（あまがわ）は，銀河系に属する無数の⑧(　　　　　)が集まった姿である。

□(7) 図の⑨〜⑩

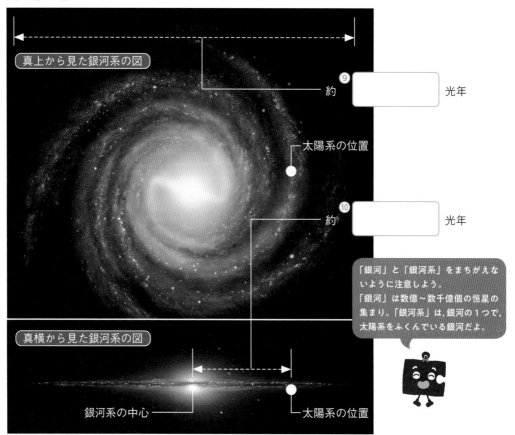

真上から見た銀河系の図

約 ⑨ [　　　] 光年

太陽系の位置

約 ⑩ [　　　] 光年

「銀河」と「銀河系」をまちがえないように注意しよう。
「銀河」は数億〜数千億個の恒星の集まり。「銀河系」は，銀河の1つで，太陽系をふくんでいる銀河だよ。

真横から見た銀河系の図

銀河系の中心 ─

太陽系の位置

要点
●太陽を中心とした太陽系は，**銀河系**という銀河に属している。
●銀河系は渦を巻いた**円盤**状の形をしていて，直径は約**10万**光年ある。

1 図は，真上と真横から見た銀河系の想像図である。　▶▶ **1**

□(1) 銀河系は，太陽のような恒星が数億～数千億個集まってできた集団に属している。この集団を何というか。　（　　　　　）

□(2) 地球上から肉眼で太陽以外の恒星を見ても，恒星は小さな点のようにしか見ることができない。この理由について述べた文として，最も適切なものはどれか。次の㋐～㋓から選び，記号で書きなさい。　（　　　　　）

　㋐　点に見える恒星の直径は太陽と比べて非常に小さいから。

　㋑　点に見える恒星の温度が太陽と比べて非常に低いから。

　㋒　点に見える恒星の温度が太陽と比べて非常に高いから。

　㋓　地球から点に見える恒星までの距離が非常に大きいから。

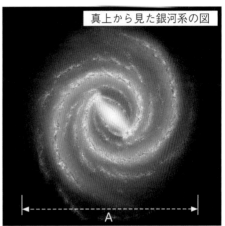
真上から見た銀河系の図

A

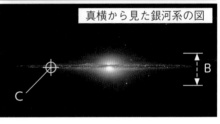
真横から見た銀河系の図

B

C

□(3) 記述 太陽以外の恒星や銀河までの距離は，光年という単位で表される。1光年とはどのような距離か。簡潔に書きなさい。　（　　　　　　　　　　　　　）

□(4) 図のA，Bにあてはまる数字を，次の㋐～㋓からそれぞれ選び，記号で書きなさい。

　㋐　約1万光年　　　　　　　　　　　　A（　　　）　　B（　　　）

　㋑　約1.5万光年

　㋒　約10万光年

　㋓　約15万光年

□(5) 図のCは，太陽とその周辺を回っている地球や金星などの天体や小天体の集まりである。図のCを何というか。　（　　　　　　　）

□(6) (5)の銀河系の中心からの距離を，次の㋐～㋓から1つ選び，記号で書きなさい。

　㋐　約1万光年　　㋑　約2万光年　　　　　　　　　　　　　（　　　　　）

　㋒　約3万光年　　㋓　約4万光年

□(7) 地球からは，銀河系の数多くの恒星が帯状に見える。夜空で，この帯状に見えるものを何というか。　（　　　　　　　）

ヒント **1** (4) Aは銀河系の直径，Bは銀河系の最も厚くなっている中心部分の厚さをそれぞれ示している。

ヒント **1** (7) 川に例えられる。

❶ 図は，太陽，月，地球が一直線に並んだときのようすを模式的に示したものである。

20点

□(1) 図の⑦，⑦の地点で見られる現象をそれぞれ何というか。次の①〜④から正しい組み合わせのものを選び，番号を書きなさい。
① ⑦…皆既日食　　⑦…皆既日食
② ⑦…皆既日食　　⑦…部分日食
③ ⑦…部分日食　　⑦…皆既日食
④ ⑦…部分日食　　⑦…部分日食

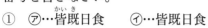

□(2) 記述 月食は，太陽，月，地球がどのように並んだときに起こるか。簡潔に書きなさい。

□(3) 月の公転軌道の関係で，図の状態よりも少し月と地球がはなれた場合，⑦の地点で見られる現象は，特に何とよばれるか。

□(4) 記述 日食は世界のせまい地域でしか見られないのに対して，月食はどのような見え方の特徴があるか。「夜であれば，」に続けて簡潔に書きなさい。思

❷ 図のように，太陽，金星，地球，火星の位置関係と公転のようすを示した。 48点

□(1) 金星のように地球より太陽に近いところを公転する惑星を何というか。

□(2) 金星の欠け方が最も大きいのはどれか。図の⑦〜⑦から選び，記号で書きなさい。

□(3) 「よいの明星」とよばれる金星の位置はどれか。図の⑦〜⑦からすべて選び，記号で書きなさい。

□(4) 記述 図の⑦と⑦の見かけの大きさと欠け方はどのようになっているか。簡潔に書きなさい。

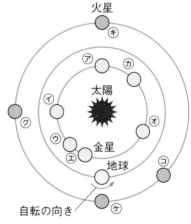

□(5) 記述 「明けの明星」とよばれる金星はいつごろ，どの方位の空に見えるか。簡潔に書きなさい。

□(6) 火星のように，地球よりも太陽から遠いところを公転する惑星をまとめて何というか。

□(7) 見かけの火星が最も大きくなるのはどれか。図の㋖〜㋙から選び，記号で書きなさい。思

□(8) (7)の火星は，日の入り直後にはどの方位に見えるか。東・西・南・北から選べ。

□(9) 記述 火星の見かけの大きさと満ち欠けはどのように変化するか。簡潔に書きなさい。思

□(10) 作図 見える像が実物とは上下左右が逆になる天体望遠鏡を使って，ある日の金星を観察したところ，右の図のように見えた。これを肉眼で金星を見たときのようにかきなさい。技

❸ 表は，水星，金星，木星，土星，海王星の５つの天体についてまとめたものである。

□(1) 金星についてまとめたものはどれか。表の㋐〜㋔から選び，記号で書きなさい。

□(2) 表の公転周期より，太陽からの距離がいちばん遠い天体はどれか。表の㋐〜㋔から選び，記号で書きなさい。[思]

惑星	質量（地球＝1）	公転周期（年）	特徴
㋐	0.82	0.62	自転が地球と反対向き。
㋑	95.16	29.53	巨大な環をもつ。
㋒	17.15	165.23	地球から青く見える。
㋓	0.06	0.24	昼夜の温度差が大きい。
㋔	317.83	11.86	巨大な大気の渦がある。

□(3) [記述] 地球型惑星とはどのような惑星か。簡潔に書きなさい。

□(4) 表の㋐〜㋔のうち，木星型惑星はどれか。すべて選び，記号で書きなさい。[思]

□(5) 大気の主な成分が二酸化炭素である天体はどれか。表の㋐〜㋔から選び，記号で書きなさい。

□(6) [記述] 太陽系の惑星が太陽のまわりを回る向きはどうなっているか。簡潔に書きなさい。

| ❶ | (1) 4点 | (2) 6点 |
| | (3) 4点 | (4) 夜であれば， 6点 |

❷	(1) 4点	(2) 4点	(3) 5点
	(4) 6点		
	(5) 5点	(6) 4点	
	(7) 4点	(8) 4点	(10) 6点
	(9) 6点		

❸	(1) 5点	(2) 5点	(3) 6点
	(4) 5点	(5) 4点	
	(6) 7点		

> **定期テスト予報** 月の見え方や月が満ち欠けする理由，金星の見え方について問われるでしょう。
> 太陽・地球・月，太陽・地球・金星の位置関係と見え方について理解しておきましょう。

（　）と □ にあてはまる語句を答えよう。

1 生態系

教科書 p.256 〜 259　▶▶

□(1) ある地域に生息する全ての生物と，それらをとり巻く水や空気，土などの環境（かんきょう）をひとつのまとまりでとらえたものを，① (　　　　　　) という。

□(2) 生物どうしの食べる，食べられるという一連の関係を，② (　　　　　　) という。

□(3) ①の生物全体では，②の関係が網（あみ）の目のようにからみ合っている。これを③ (　　　　　　) という。

□(4) ある地域の食べる生物と食べられる生物の数量の割合は，一時的な増減はあっても，長期的に見ると，ほぼ④ (　　　　　　) に保たれ，つり合っている。

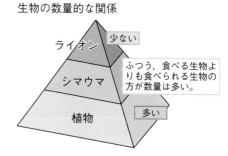

生物の数量的な関係

ライオン　少ない
シマウマ
植物　多い

ふつう，食べる生物よりも食べられる生物の方が数量は多い。

2 生物の関係と炭素の循環

教科書 p.260 〜 267　▶▶

□(1) 光合成（こうごうせい）によって有機物をつくり出す生物を① (　　　　　　) 者といい，ほかの生物や生物の死がいなどを食べて有機物を得る生物を② (　　　　　　) 者という。

□(2) ①者がつくり出した有機物は，最終的には③ (　　　　　　) に分解される。生物の死がいや排出物を食べ，分解にかかわる生物を特に④ (　　　　　　) 者という。④者には，ミミズなどの土壌（どじょう）動物やキノコなどの菌類（きんるい），乳酸菌などの⑤ (　　　　　　) 類といった⑥ (　　　　　　) が知られる。

□(3) 植物や動物，微生物（びせいぶつ）は，体内の有機物を，呼吸によって水と⑦ (　　　　　　) に分解する過程で，必要なエネルギーをとり出している。

□(4) 炭素は，光合成や呼吸，食物連鎖（しょくもつれんさ）にともない，有機物や無機物に形を変えながら生態系（せいたいけい）を⑧ (　　　　　　) している。

□(5) 図の⑨〜⑪

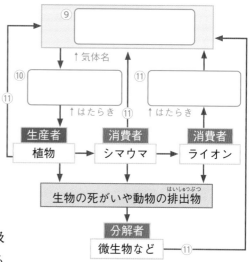

生態系における炭素の循環

⑨
↑気体名
⑩　　　⑪
⑪　↑はたらき　⑪　↑はたらき　⑪

生産者　　消費者　　消費者
植物 → シマウマ → ライオン

生物の死がいや動物の排出物（はいしゅつぶつ）

分解者
微生物など　⑪

化石燃料の大量消費のように，人間の活動によって炭素の循環のバランスはくずれてしまうよ。二酸化炭素の濃度の上昇は，地球温暖化を引き起こす原因の1つだと考えられているよ。

要点
●生物の食べる，食べられるという一連の関係を，食物連鎖という。
●生産者である植物は，光合成によって二酸化炭素を吸収し，有機物をつくる。

❶ 図は，⑦，①，⑦の生物の食べる，食べられる関係のつながりについての数量的 ▶▶ **1**
なつり合いが成り立っていることを示したものである。

□(1) 生物の食べる，食べられるという，鎖のようにつながった一連の
関係を何というか。　　　　　　　　　　　（　　　　　　　　　）

□(2) ウサギがあてはまる位置はどれか。図の⑦〜⑦から選び，記号で
書きなさい。　　　　　　　　　　　　　　（　　　　　　　　　）

□(3) 図の⑦にあてはまる生物はどれか。次の①〜④から選び，番号を
書きなさい。　　　　　　　　　　　　　　（　　　　　　　　　）
①　カエル　　　②　イヌワシ　　　③　バッタ　　　④　トウモロコシ

□(4) ある地域に生息する全ての生物と生物以外の環境とを，ひとまとまりでとらえたものを何
というか。　　　　　　　　　　　　　　　　　　　　　　　（　　　　　　　　　）

□(5) 図で生物の個体数(数量)が最も多いのはふつうどれか。図の⑦〜⑦から選び，記号で書き
なさい。　　　　　　　　　　　　　　　　　　　　　　　（　　　　　　　　　）

❷ 図は，自然界における炭素の循環を示したものである。 ▶▶ **2**

□(1) 図の⑧，ⓑの矢印は，生物⑦のそれぞれ何とい
うはたらきか。　　　　⑧（　　　　　　　　）
　　　　　　　　　　　　ⓑ（　　　　　　　　）

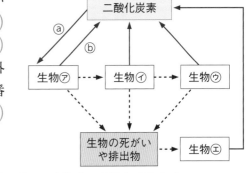

□(2) 図の⑧のはたらきを行うときに二酸化炭素以外
で必要なものは何か。次の①〜④から選び，番
号を書きなさい。　　　　（　　　　　　　　）
①　水と太陽の光　　　　②　窒素と水
③　酸素と太陽の光　　　④　酸素と水

□(3) 図のⓑはどのようなはたらきをするか。次の①〜④から選び，番号を書きなさい。
①　有機物を無機物に分解し，必要な酸素をつくり出す。　　　　　　　（　　　　　　　　）
②　有機物を無機物に分解し，必要なエネルギーをつくり出す。
③　無機物を有機物につくり変え，必要な栄養分をつくり出す。
④　無機物を有機物につくり変え，必要なエネルギーをつくり出す。

□(4) 図で，分解者とよばれている生物を⑦〜①から選び，記号で書きなさい。　（　　　　　　　　）

□(5) 図の点線の矢印は，何にふくまれる炭素の移動を示しているか。　　　　　（　　　　　　　　）

ヒント **❶** (2) ウサギは草食動物である。
ヒント **❷** (5) 炭素をふくむ物質を何というか。

第2章　自然環境の調査と保全

（　）と □ にあてはまる語句を答えよう。

1 身近な自然環境の調査

教科書 p.270〜273　▶▶①

□(1)　人間が自然環境を積極的に維持することを①（　　　　　　）という。

□(2)　水生生物や土壌動物などを採集し，調べることで，自然環境の状態を知ることができる。

□(3)　川や湖などの水のよごれの程度を調べる（図の②〜③）。

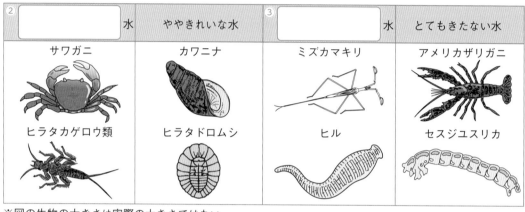

② 　　　　　水	ややきれいな水	③ 　　　　　水	とてもきたない水
サワガニ	カワニナ	ミズカマキリ	アメリカザリガニ
ヒラタカゲロウ類	ヒラタドロムシ	ヒル	セスジユスリカ

※図の生物の大きさは実際の大きさではない。

2 人間による活動と自然環境，自然環境の開発と保全

教科書 p.274〜277　▶▶②

□(1)　人間によって，ほかの地域から持ちこまれて野生化し，定着して子孫を残している生物を①（　　　　　　）生物という。①生物が1種類でも持ちこまれてしまっただけで，生態系のつり合いが変化し，もとにもどらなくなってしまうこともある。

セイタカアワダチソウ（外来生物の1つ）

□(2)　人間による自然環境の②（　　　　　　）や産業，経済の発展によって，自然環境は急激に変化している。

□(3)　ある生物が1個体もいなくなってしまうことを③（　　　　　　）という。いちど③してしまった生物がもとにもどることはない。人間の活動による影響で，多くの種類の生物が，③の危機にある。ある生物が③してしまうと，その生物が生態系でになっていた役割が失われ，生態系の④（　　　　　　）が変化してしまうことがある。

□(4)　生態系のめぐみを遠い未来まで受け渡すため，これを持続させる行動が大切である。

要点
●人間が自然環境を積極的に維持することを保全という。
●人間によってほかの地域から持ちこまれ，定着した生物を外来生物という。

1 川の水のよごれの程度を調べるには，その川にすむ生物の種類と数を調べる。次のA〜Hの生物は，よごれの程度の判定の基準となる主な生物である。　▶▶ **1**

A　サワガニ	B　ミズカマキリ	C　ヒル
D　ヒラタカゲロウ類	E　カワニナ	F　ヒメタニシ
G　セスジユスリカ	H　アメリカザリガニ	

□(1) きれいな水，とてもきたない水にすむ生物はどれか。A〜Hからそれぞれすべて選び，記号で答えなさい。

きれいな水（　　　　　　　）　とてもきたない水（　　　　　　　）

□(2) ある川Xにすむ生物の種類と数を調べたところ，右の表のような結果になった。川の水のよごれの程度を次の4段階に分けたとき，川Xのよごれの程度はどの段階といえるか。最も適するものをⅠ〜Ⅳの番号で答えなさい。　（　　　　　　）

Ⅰ　きれいな水　　　Ⅱ　ややきれいな水
Ⅲ　きたない水　　　Ⅳ　とてもきたない水

サワガニ		3	アメリカザリガニ		0
カワニナ		12	ミズカマキリ		1
ヒメタニシ		1	セスジユスリカ		0
ヒル		1	ヒラタカゲロウ類		4

2 人間の活動範囲(はんい)が国境を越えて広がるにつれて，ある地域に本来すんでいなかった生物が持ちこまれ，野生化して定着するようになる場合がある。　▶▶ **2**

□(1) 人間の活動にともなって，ある地域に本来いなかった生物がほかの地域から持ちこまれ，野生化して定着した生物を，何というか。　（　　　　　　　　）

□(2) 次の⑦〜㉠のうち，(1)で答えた生物にあてはまるのはどれか。すべて選び，記号で答えなさい。　（　　　　　　　　）

⑦　アレチウリ　　　④　ヤンバルクイナ　　　⑨　スズメ
㊀　ミシシッピアカミミガメ　　　㉠　タイワンリス

□(3) (1)のような生物が入ってくることは，その地域の生態系に問題を生じる場合がある。それはなぜか。次の⑦〜㉠から選び，記号で答えなさい。　（　　　　　　）

⑦　その地域にはなかった病気が広がることが多いから。
④　その地域の土や水などをよごすことが多いから。
⑨　本来その地域にすんでいる生物の存在がおびやかされる場合があるから。
㊀　環境の変化が起こりにくくなるから。
㉠　新しい種類の生物が誕生しにくくなるから。

ヒント　**1** (3)カワニナの数が最も多いことから考える。
ヒント　**2** (1)この生物に対して，もともとその地域に生息していた生物を在来生物という。

（　）と□□□にあてはまる語句を答えよう。

1 さまざまな物質とその利用

教科書 p.280〜285　▶▶①

□(1) ほとんどのプラスチックは，①（　　　　　　）を精製して得られる②（　　　　　　　　）という物質を原料にしてつくられる。

□(2) 多くのプラスチックの性質　・加工がしやすい。　・軽い。　・さび③（　　　　　　）。
・くさり④（　　　　　　）。　・電気を通し⑤（　　　　　）。　・衝撃に⑥（　　　　　　）。
・酸，アルカリや薬品による変化が少ない。　などの性質がある。

□(3) プラスチックは種類によって⑦（　　　　　　）の密度をもつので，そのちがいによって見分けることができる。また，加熱したときのようすのちがいなどでも見分けることができる。

□(4) プラスチックは自然に分解されにくいため，微生物の力で分解できる⑧（　　　　　　）性プラスチックなどの新しいプラスチックが開発されている。

微生物により分解されるプラスチック

□(5) プラスチックは有機物であるため，燃やすと水と⑨（　　　　　　）ができるが，有害な気体が発生することもあるので，焼却の際には注意が必要である。

2 エネルギー資源の利用，科学技術の発展

教科書 p.286〜295　▶▶②

□(1) ①（　　　　　　）エネルギーは，送電線を使ってはなれた場所へと供給でき，ほかのエネルギーへの変換も容易である。

□(2) 主な発電方法には，高い位置にある水を利用する②（　　　　　）発電，化石燃料を使う③（　　　　　）発電，核燃料を利用する④（　　　　　）発電などがある。

□(3) ④発電は，核分裂反応で発生する熱を利用するが，このとき，きわめて強い⑤（　　　　　）が放出される。多量の⑤を受けると，人体に影響が出る。

□(4) 再生可能なエネルギー資源には，太陽の光を利用する⑥（　　　　　　）発電や，風の力を利用する⑦（　　　　　）発電，作物の残りかすなどを利用する⑧（　　　　　　）発電などがある。

□(5) 図の⑨〜⑫

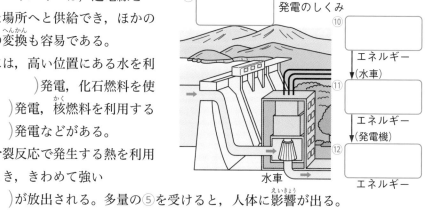

発電のしくみ

⑨□
⑩□ → エネルギー（水車）
⑪□ → エネルギー（発電機）
⑫□ → エネルギー

水車

❶ 図は，あるペットボトルのラベルの一部である。 ▶▶ **1**

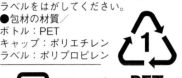

●捨てる際はキャップをはずし，
ラベルをはがしてください。
●包材の材質／
ボトル：PET
キャップ：ポリエチレン
ラベル：ポリプロピレン

プラ ：キャップ
プラ ：ラベル
PET
ボトル(本体)

- □(1) PET（ペット）や，ポリエチレン・ポリプロピレンなどのプラスチックの多くは，石油を精製した物を原料として人工的につくられている。プラスチックの原料となる，石油を精製した物を何というか。
（　　　　　　　　）

- □(2) PETは，何の略語か。
（　　　　　　　　）

- □(3) プラスチックにはいろいろな種類があり，それぞれ性質が異なるので，利用する目的によって，使い分けられている。PETが容器に使われているのはなぜか。最も適切な理由を次の㋐〜㋓から選びなさい。 （　　　）
  - ㋐ 透明で圧力に強いから。
  - ㋑ 薬品に強いから。
  - ㋒ 折り曲げに強いから。
  - ㋓ 熱に強いから。

- □(4) 多くのプラスチックはくさりにくい性質をもつため，土にうめても分解されにくい。そこで，分解されやすいプラスチックの開発が進められている。分解されやすいプラスチックはどれか。次の㋐〜㋓から選びなさい。 （　　　）
  - ㋐ 熱硬化性プラスチック
  - ㋑ 生分解性プラスチック
  - ㋒ 熱可塑性プラスチック
  - ㋓ 発泡ポリスチレン

- □(5) プラスチックは，有機物・無機物のどちらか。 （　　　　　　　　）

❷ 私たちは，どのように自然とかかわっていくべきかを考え，地球の豊かな自然を未来へ残していく責任がある。 ▶▶ **2**

- □(1) 図のA，Bは，2種類の発電方法を示したものである。それぞれ何発電とよばれるか。
  A…（　　　　　）発電　　B…（　　　　　）発電

- □(2) Aは再生可能なエネルギー資源を使用しているといえる。生物体の有機物も再生可能なエネルギー資源となるが，これは何とよばれるか。カタカナ5文字で書きなさい。（　　　　　　　　）

- □(3) Bの発電方法で使われる燃料は，総称して何とよばれるか。
（　　　　　　　　）

- □(4) 天然資源の消費をおさえ，再利用する割合を高め，循環することを可能にした社会を何というか。
（　　　　　　　　）

A

電気

発電機

ダムなど

水車

川の下流

B

排ガス　ボイラー　水蒸気　タービン　発電機

燃料

海水　　　　　　　　　　　水

ヒント　❶ (5) プラスチックは燃やすと水と二酸化炭素ができる。

ヒント　❷ (3) 石油や石炭，天然ガスなどの燃料のこと。

自然災害と地域のかかわりを学ぶ
終章　持続可能な社会をつくるために

時間 **10分**　解答 p.30

（　）と□□□にあてはまる語句を答えよう。

1 自然災害と地域のかかわり

教科書 p.297～300　▶▶❶

□(1) 大地の変動や気象現象には，恵みをもたらす面と①（　　　　　　　）をもたらす面がある。

□(2) 自分たちの住む地域で起こる可能性のある①に対して備えるため，地図上に①の予想をまとめた②（　　　　　　　　）マップを確認しておくなど，準備をしておくことが大切である。

□(3) 地震は，地下の岩盤のずれ（③（　　　　　　　））が生じて起こる。→対策として，家屋の④（　　　　　　　）化や家具の固定などが考えられる。

□(4) 地震によって海底が変動すると，⑤（　　　　　　）が発生し，海岸付近が大きな被害を受けることがある。→海の近くで地震にあった場合，すぐに⑥（　　　　　）いところに避難する必要がある。

地震のゆれによる建築物の倒壊

□(5) 日本の気候は年間を通して降水量が⑦（　　　　　　）という特徴があり，⑧（　　　　　　）用水や飲料水の確保に役立つ一方で，大雨や大雪による被害がたびたび発生する。

2 地球環境と私たちの社会

教科書 p.302～311　▶▶❷

□(1) 環境の①（　　　　　　　）と開発のバランスがとれ，将来の世代が継続的に環境を利用する余地を残すことが可能となった社会を，②（　　　　　　　）な社会という。

□(2) 生態系や人の生活などに被害をおよぼす，またはそのおそれがある③（　　　　　　）生物は，特定③として法律で指定されている。

□(3) 最近では，家庭で使用する電気を，家の屋根に④（　　　　　　）発電パネルを設置してつくることができる。また，あまった電気は売ることもできる。

□(4) 人間の活動と環境の変化は密接にかかわっている。石油，石炭，天然ガスといった⑤（　　　　　）燃料の燃焼や森林伐採などの人間の活動によって⑥（　　　　　）効果ガスが増加し，それにともなって引き起こされる地球⑦（　　　　　）の影響によって，生物種が減少したり，海面が上昇して土地が浸水したりする。このような状況に対し，⑥効果ガスの削減を目標とした国際的なとり組みが行われている。

□(5) ⑧（　　　　　　　）（エスディージーズ）は，2030年までに世界で達成する目標として，2015年に国連サミットで採択された。

化石燃料は大昔の生き物の死がいが変質したものだから，埋蔵量には限りがあるよ。将来の世代により多く残すには，どうしたらいいかな。

要点
●いつ起こるかわからない災害に備え，ハザードマップを確認するなど準備する。
●将来の世代に環境を利用する余地を残すため，持続可能な社会を目指す。

自然災害と地域のかかわりを学ぶ
終章　持続可能な社会をつくるために

① **図は，浅間山の噴火によって起こる災害を予測した地図である。** ▶▶ **1**

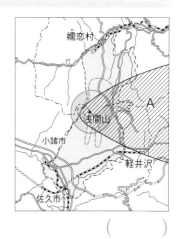

□(1) 図のように，災害が起こったときの被害の大きさやおよぶ
範囲などを予測してまとめた地図のことを何というか。

（　　　　　　　　　　　）

□(2) Aは，火山噴出物が風にのって広がり，東側の地域に影響
を与えることを表している。この火山噴出物は何か。次の
⑦〜⑤から１つ選び，記号で書きなさい。　（　　　　）
　⑦　火砕流　　⑦　火山弾　　⑦　火山灰　　⑤　溶岩

□(3) 火山の噴火を人間の力で止めることはできない。私たちは，
火山とどのようにかかわっていくとよいだろうか。適切な
ものを次の⑦〜⑤から１つ選び，記号で書きなさい。
（　　　　　　　）

　⑦　火山による美しい景色や温泉などの観光資源のために，多少の被害はやむを得ない。
　⑦　予知がじゅうぶんにできるわけではないので，火山について考えてもしかたがない。
　⑦　人命を最優先して，火山の近辺には住居や観光施設を絶対につくらせないようにする。
　⑤　火山に対する知識を身につけ，防災対策をしたうえで，恵みを受けるようにする。

② **地球環境と私たちの社会について，次の問いに答えなさい。** ▶▶ **2**

□(1) 石油資源の利用について述べた次の文のA〜Dにあてはまるものを，あとの⑦〜⑦からそ
れぞれ選び，記号で書きなさい。

A（　　　）　　B（　　　）　　C（　　　）　　D（　　　）

> 石油や石炭，天然ガスは（　A　）とよばれる。（　A　）は，大昔の生き物の死がいが変質
> したものである。そのため，埋蔵量には限りが（　B　）。
> 現在，石油を原料としないプラスチックが開発されている。これにより，将来の世代
> に（　C　）ことが可能になる。このほかにも，（　D　）発電やバイオエタノール燃料の開
> 発も，（　C　）ために重要である。

　⑦　石化燃料　　⑦　化石燃料　　⑦　合成繊維　　⑤　バイオマス
　⑦　ある　　⑦　ない　　⑦　より多くの石油を残す　　⑦　石油を残さない
　⑦　より多くのプラスチックごみを残す

□(2) 近年，海洋に流出したプラスチックごみが世界的な問題となっている。なかでも，紫外線
や波などによって小さな粒となったプラスチックが生態系におよぼす影響が懸念されてい
る。この小さな粒となったプラスチックを何というか。（　　　　　　　　　　　）

　ヒント　① (1) ○○○○マップ。
　ヒント　② (1) 石油や石炭，天然ガスは長い年月をかけてできる。

地球と私たちの未来のために

時間 30分 ／100点　合格 70点　解答 p.30

よく出る ❶ 図は，ある草原での食べる，食べられるの関係にかかわる生物の個体数を表したものである。

20点

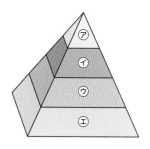

- □(1) 図の⑦のグループに入る生物はどれか。次の①〜④から１つ選び，番号を書きなさい。
  - ① ウサギ，バッタ
  - ② イヌワシ，タカ
  - ③ ムクドリ，モズ
  - ④ トウモロコシ

- □(2) いっぱん的に，図の⑦〜⑨の生物の個体数の関係として正しいものはどれか。次の①〜④から１つ選び，番号を書きなさい。
  - ① ⑦＞①＞⑦＞⑨
  - ② ⑦＞①＝⑦＞⑨
  - ③ ⑦＝①＝⑦＝⑨
  - ④ ⑦＜①＜⑦＜⑨

- □(3) 記述 もし何らかの原因で図の⑦の生物が急激に増加したとすると，しばらくの間，図の生物①と生物⑨の個体数はそれぞれどのようになるか。簡潔に書きなさい。思

- □(4) 記述 もし何らかの原因で図の①の生物が急激に増加したとき，長期的に見れば，図のそれぞれの生物の個体数はどのようになるか。簡潔に書きなさい。思

よく出る ❷ 図は，生物どうしのつながりと物質の循環を模式的に示したものである。

22点

- □(1) 図の草食動物を食物とするＸの動物を何というか。

- □(2) 図のＡ，Ｂにあてはまる植物のはたらきをそれぞれ答えよ。

- □(3) 図の物質ⓐは何か。次の⑦〜⑨から選び，記号で書きなさい。
  - ⑦ 酸素
  - ① 炭素
  - ⑦ 窒素
  - ⑨ 二酸化炭素

- □(4) 図の物質ⓑは何か。次の⑦〜⑨から選び，記号で書きなさい。
  - ⑦ 有機物
  - ① 無機物
  - ⑦ 金属
  - ⑨ プラスチック

- □(5) 自然界におけるはたらきから，土壌動物，菌類や細菌類などをまとめて何というか。

- □(6) 炭素は自然界(生態系)でどのように循環しているか。次の⑦〜⑨から１つ選び，記号で書きなさい。
  - ⑦ 炭素は何も形を変えず，炭素のまま自然界を循環している。
  - ① 炭素は無機物にだけ形を変え，自然界を循環している。
  - ⑦ 炭素は有機物にだけ形を変え，自然界を循環している。
  - ⑨ 炭素は無機物や有機物に形を変え，自然界を循環している。

図中：物質ⓐ　植物　Ａ　Ｂ　草食動物　Ｘ　死がい・排出物　ミミズなどの土壌動物・菌類・細菌類　物質ⓑ

成績評価の観点　技…観察・実験の技能　思…科学的な思考・判断・表現

❸ 川の水のよごれの程度を調べるためにいろいろな場所で調査した。図は，調査した場所にいた生物をスケッチしてまとめたものである。 18 点

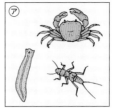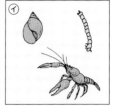
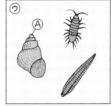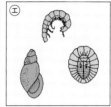

□(1) 図の㋐の生物はどのような場所に生息していたか。次の①～④から選び，番号を書きなさい。
　① きれいな水　　② ややきれいな水
　③ きたない水　　④ とてもきたない水

□(2) 図の㋐～㋓の生物が生息している場所を，水のきれいな順に並べ，記号で書きなさい。

□(3) 図の㋒の生物Ⓐは何か。次の①～④から選び，番号を書きなさい。
　① ヤマトシジミ　　② サカマキガイ
　③ カワニナ　　　　④ ヒメタニシ

□(4) 川で水生生物を採集するときには，どのようなくつをはいていけばよいか。

❹ 私たちが生活する社会は，電気に依存_{い ぞん}した社会であるといえる。 25 点

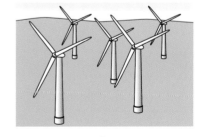

□(1) 手回し発電機や豆電球などを用いて右の図のような回路をつくった。
　① 家庭の電灯などの配線と同じようにするためには，豆電球は何というつなぎ方をすればよいか。技
　② 豆電球の数は4個にし，手回し発電機1台で発電したときと，2台で発電したときの回す手ごたえを比べた。手ごたえが重く感じるのはどちらか。ただし，同じときは「同じ」と書きなさい。思
　③ 手回し発電機は1台にし，回路に接続する豆電球の数を1個から4個に変えていった。発電したときの回す手ごたえが最も重く感じるのは，豆電球が何個のときか。ただし，同じときは「同じ」と書きなさい。思

□(2) 右の図は，風の力を利用して発電するシステムを表したものである。このような発電方法を何というか。

□(3) 記述 (2)の発電方法で，安定して電気を得るためには，どのような条件が必要か。簡潔に書きなさい。思

□(4) 農林業から出る作物の残りかすや間伐材_{かんばつざい}，家畜のふん尿_{にょう}などを燃料にし，発電する方法を何というか。

□(5) 原子力発電は，少量の核燃料から大きなエネルギーを得られるが，さまざまな問題点もある。その問題点にあてはまらないものを次の㋐～㋓から1つ選び，記号で書きなさい。
　㋐ 原子炉_ろ内で発生する放射線が外部にもれると危険である。
　㋑ 核燃料が核分裂反応を起こすときに，大量の温室効果ガスが発生する。
　㋒ 使用済みの核燃料の処理や管理が大変難しい。
　㋓ 核燃料のウランは有限な資源なので，いつまでも使い続けられるわけではない。

⑤ 持続可能な社会をつくることが，現在地球で生活する私たちすべての人類の課題といえる。持続可能な社会をつくるためには，自然環境の保全，物質資源の循環，持続可能なエネルギー資源の利用にとり組んでいく必要がある。　　15点

☐(1)　大気中にふくまれる二酸化炭素の割合の増加は，地球温暖化の原因の1つとして考えられている。

　① 二酸化炭素のように，地球表面の大気をあたためるはたらきのある気体を総じて何というか。

　② 二酸化炭素の割合が増加する原因として考えられるものを，次の⑦～㋑からすべて選び，記号で書きなさい。
　　⑦　森林の伐採　　　　㋑　外来生物の増加
　　㋒　化石燃料の燃焼　　㋓　再生可能エネルギーの利用

　③ 2015年に，21世紀後半に①の排出実質ゼロを目標とする協定が結ばれた。何という協定か。

☐(2)　消費する天然資源の量を減らし，再利用の割合を高めて，循環を可能にした社会を何というか。次の⑦～㋓から1つ選び，記号で書きなさい。
　　⑦　天然型社会　　㋑　循環型社会　　㋒　持続型社会　　㋓　継続型社会

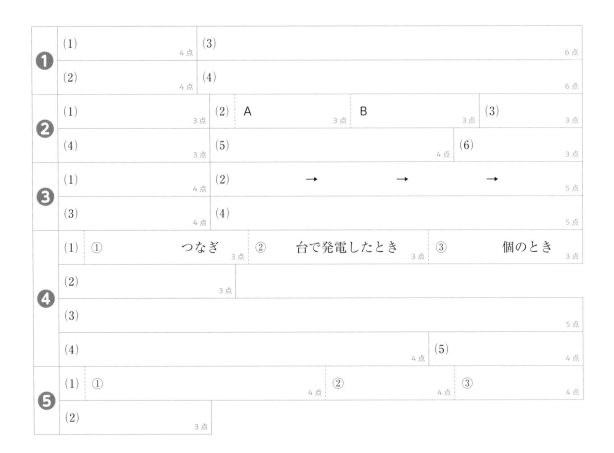

定期テスト予報　食物連鎖における生産者・消費者・分解者のはたらきについて問われるでしょう。
食べる生物と食べられる生物の数量的な関係や物質の循環についても理解しておきましょう。

テスト前に役立つ！

\\ 定期テスト //

予想問題

チェック！

- テスト本番を意識し，時間を計って解きましょう。

- 取り組んだあとは，必ず答え合わせを行い，
  まちがえたところを復習しましょう。

- 観点別評価を活用して，自分の苦手なところを確認しましょう。

> テスト前に解いて，わからない問題やまちがえた問題は，もう一度確認しておこう！

定期テスト
予想問題
1

第1章　水溶液とイオン
第2章　酸，アルカリとイオン(1)

時間 30分　／100点　合格 70点

解答 p.31

❶ 図のような装置で，いくつかの物質の水溶液に電流が流れるかどうかを調べた。　24点

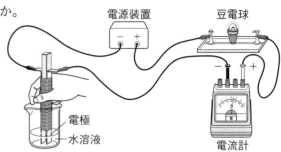

- □(1) 食塩が固体(結晶)のとき，電流は流れるか。
- □(2) 水溶液をつくるために，精製水を使った。精製水に電流は流れるか。
- □(3) 次の⑦～㋛の水溶液について調べたとき，電流が流れた水溶液をすべて選び，記号で書きなさい。
  - ⑦　うすい水酸化ナトリウム水溶液
  - ⊘　砂糖水　　　㋒　うすい塩酸
  - ㋓　食塩水　　　㋔　エタノールの水溶液
- □(4) 電流が流れなかった水溶液中には何が存在しなかったか。

❷ 図のようにして，うすい塩酸に電流を流す実験を行い，電極のようすを観察した。思　25点

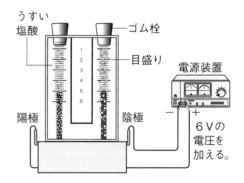

- □(1) 塩酸は，水に何という物質がとけたものか。物質名を書きなさい。
- □(2) 記述 陰極と陽極からは異なる気体が発生した。発生した気体の体積は同じであるが，装置にたまった体積にはかなり差があった。たまった体積が少なかったほうの電極を書き，体積が少なかった理由を簡潔に書きなさい。
- □(3) この実験で起こった化学変化を化学反応式で表しなさい。

❸ 原子のなり立ちやイオンについて，次の問いに答えなさい。　16点

- □(1) 次の⑦～㋓の文で誤っているものをすべて選び，記号で書きなさい。
  - ⑦　原子核は，＋の電気をもつ陽子と－の電気をもつ電子からできている。
  - ⊘　原子核は，＋の電気をもつ陽子と電気をもたない中性子からできている。
  - ㋒　陽子の数と電子の数は等しい。
  - ㋓　陽子の数は電子の数の半分である。
- □(2) 次の⑦～㋕から，電子を2個失う，または電子を2個受けとってイオンになったものをすべて選び，記号で書きなさい。
  - ⑦　ナトリウムイオン　　⊘　マグネシウムイオン　　㋒　銅イオン
  - ㋓　硫酸イオン　　　　　㋔　水酸化物イオン　　　　㋕　塩化物イオン

4 図のように，スライドガラスに塩化ナトリウム水溶液をしみこませたろ紙と青色リトマス紙を置き，両端をクリップでとめ，リトマス紙の中央に塩酸をつけて，電圧を加えた。 思 35点

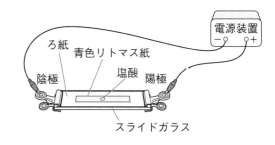

□(1) 塩酸をつけた部分は何色に変化するか。

□(2) (1)のことから，塩酸は酸性，アルカリ性，中性のどの性質であることがわかるか。

□(3) 電圧を加えたとき，(1)の色は，陽極，陰極のどちら側へ移動するか。

□(4) (3)で答えたことから，(2)の性質を示すイオンは何であると考えられるか。化学式で書きなさい。

□(5) 塩酸と同じように(2)の性質がある水溶液を，次の⑦〜⊆から選び，記号で答えなさい。
  ⑦ アンモニア水　　④ 水酸化ナトリウム水溶液
  ⑨ 食塩水　　　　　⊆ 酢

□(6) リトマス紙やBTB溶液などは，色の変化によって，酸性，アルカリ性，中性を調べることができるが，このような薬品を何というか。

□(7) 酸性やアルカリ性の度合いをpHという数値で表すと，7が中性である。pHの値と酸性，アルカリ性の強さについて，正しいものはどれか。次の⑦〜⑨から選び，記号で答えなさい。
  ⑦ 塩酸を水でうすめると，pHの値は0に近くなる。
  ④ 水酸化ナトリウム水溶液を水でうすめると，pHの値は0に近くなる。
  ⑨ 食塩水を水でうすめても，pHの値は7のまま変わらない。

定期テスト予想問題

化学変化とイオン ― 教科書11〜39ページ

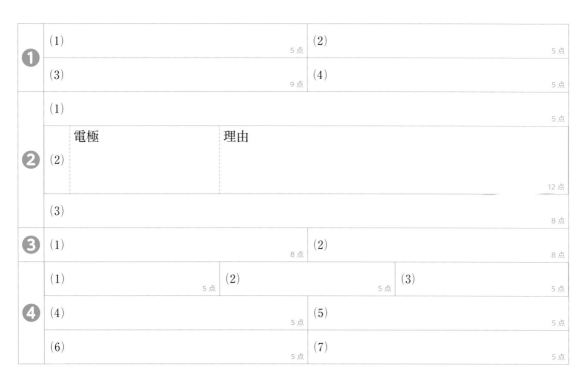

❶	(1)	5点	(2)	5点
	(3)	9点	(4)	5点

❷	(1)			5点
	(2)	電極	理由	12点
	(3)			8点

❸	(1)	8点	(2)	8点

❹	(1) 5点	(2) 5点	(3) 5点
	(4) 5点	(5) 5点	
	(6) 5点	(7) 5点	

❶　／24点　❷　／25点　❸　／16点　❹　／35点

定期テスト
予想問題
2

第2章　酸，アルカリとイオン(2)
第3章　化学変化と電池

時間 30分 ／100点　合格 70点

解答 p.32

① 図のように，BTB 溶液を加えたうすい塩酸 20 cm³ にうすい水酸化ナトリウム水溶液を 2 cm³ ずつ加えてよくかき混ぜ，水溶液の色の変化を観察した。うすい水酸化ナトリウム水溶液を 10 cm³ 加えたときに液は緑色になった。技 思　　44 点

こまごめ
ピペット

うすい水酸化
ナトリウム水
溶液

ガラス棒

BTB溶液を
加えたうす
い塩酸

- □(1) うすい水酸化ナトリウム水溶液を 16 cm³ 加えたとき，液の色は何色になっているか。

- □(2) うすい水酸化ナトリウム水溶液を 16 cm³ 加えたとき，液の中に最も多く存在するイオンはどれか。次の㋐〜㋓から選び，記号で書きなさい。
  ㋐ H^+ 　　㋑ Cl^- 　　㋒ Na^+ 　　㋓ OH^-

- □(3) うすい水酸化ナトリウム水溶液を 16 cm³ 加えたとき，存在しないイオンはどれか。次の㋐〜㋓から選び，記号で書きなさい。
  ㋐ H^+ 　　㋑ Cl^- 　　㋒ Na^+ 　　㋓ OH^-

- □(4) この反応で生じた塩は何という物質か。物質名を書きなさい。

- □(5) 酸性の水溶液とアルカリ性の水溶液を混ぜ合わせたとき，共通して起こる化学変化を化学式を用いて表しなさい。

- □(6) 酸性の水溶液とアルカリ性の水溶液を混ぜ合わせたときに，たがいの性質を打ち消し合うことが起きている。このことを何というか。

- □(7) 記述 うすい水酸化ナトリウム水溶液を加え，液をかき混ぜているときにビーカーにふれると，どのように感じられるか。簡潔に書きなさい。

- □(8) 記述 こまごめピペットに液を吸いこんだら，ピペットの先を上に向けないようにする。その理由を簡潔に書きなさい。

② 図は，金属Aの単体を，金属Bのイオンが存在する水溶液に入れたときのモデルを表している。思　　12 点

- □(1) 金属A，金属Bのそれぞれの変化を式で表したものとして，適するものを，次の㋐〜㋓からそれぞれ選び，記号で書きなさい。
  ㋐ 金属の単体 → 金属のイオン + 電子
  ㋑ 金属の単体 + 電子 → 金属のイオン
  ㋒ 金属のイオン → 金属の単体 + 電子
  ㋓ 金属のイオン + 電子 → 金属の単体

A
→ Ⓐ⁺
Ⓑ イオン
原子

- □(2) イオンになりやすい金属は金属A，金属Bのどちらか。

- □(3) 金属Bの単体を，金属Aのイオンが存在する水溶液に入れると，どうなるか。次の㋐，㋑から選び，記号で書きなさい。
  ㋐ 金属Bに金属Aが付着する。　　㋑ 反応しない。

成績評価の観点　技…観察・実験の技能　思…科学的な思考・判断・表現

3 図1のように，うすい塩酸中に銅板と亜鉛板を入れ，導線を電圧計につないだところ，電圧計の針がふれ，電流が流れることがわかった。技 思　44点

□(1) 図1のように電流をとり出す装置を何というか。

□(2) 電圧計の針が0の目盛りよりも右にふれた場合，電圧計の＋端子につないだ金属板は＋極，－極のどちらになるか。

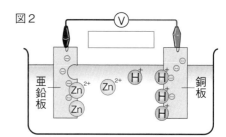

図1

□(3) 金属板を次の組み合わせにしたとき，それぞれについて，電流が流れる場合は○，流れない場合は×を書きなさい。

① 鉄板と亜鉛板　　② 銅板とマグネシウムリボン

③ 亜鉛板と亜鉛板　　④ 鉄板とマグネシウムリボン　　⑤ 鉄板と鉄板

□(4) 図1の装置で電流が流れる現象について，「亜鉛板などがもっている（ ① ）エネルギーを（ ② ）エネルギーに変換している」と説明することができる。①，②にあてはまる語句を書きなさい。

□(5) 図2は，図1の装置の金属板の表面での反応をモデルで示したものである。⊖は何を表しているか。

□(6) 図2中の▭には，電流の向きを表す矢印が入る。正しい向きの矢印をかきなさい。

□(7) 図1の装置の電圧計を光電池用モーターにとりかえて接続すると，モーターは回転した。

① 金属板につないだ導線を逆にすると，モーターの回転する向きはどうなるか。

② モーターが回っている状態で，この装置を長時間そのままにしておくと，亜鉛板の表面はどうなるか。

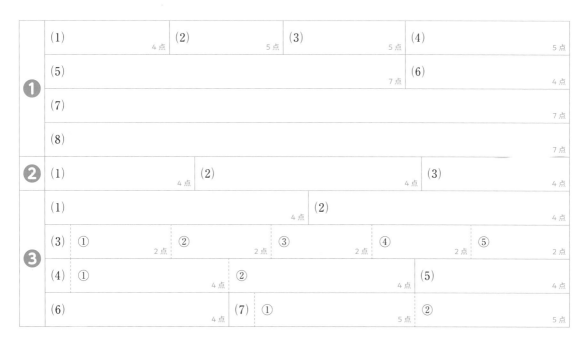

第1章　生物の成長と生殖

① 図1のようにうすい塩酸につけたタマネギの根の先端をスライドガラスにのせて軽くつぶし、染色液をたらし、しばらくしてからカバーガラスをかけて根をおしつぶしたプレパラートを顕微鏡で観察した。図2は、そのときに観察したものを模式的に表したものである。ただし、図の⑦～⑰は細胞分裂を行う順に並んでいない。技

26点

□(1)　タマネギの根をうすい塩酸につけたのはなぜか。次の①～④から選び、番号を書きなさい。
　　① 細胞どうしを強くくっつけるため。
　　② 細胞分裂をさかんに行うようにするため。
　　③ 細胞の中を見やすくするため。
　　④ 細胞どうしをはなれやすくするため。

□(2)　図1で使われる染色液は何か。次の①～④から選び、番号を書きなさい。
　　① BTB溶液　　② 酢酸オルセイン
　　③ ヨウ素液　　④ ベネジクト液

□(3)　(2)の染色液で赤く染められるのは、細胞のどの部分か。名称を書きなさい。ただし、⑦を最初とする。

□(4)　図2の⑦～⑰の細胞を細胞分裂が行われる順に並べ、記号で書きなさい。

□(5)　図2の⑦の③を何というか。

□(6)　図2の⑦の③にふくまれている生物の形や性質などを決めるものを何というか。

図1

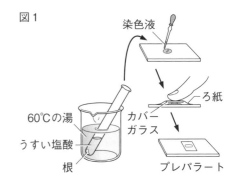

図2

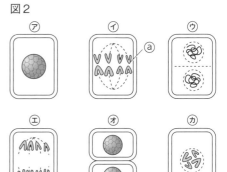

② 図は、被子植物のめしべに花粉がついた後のようすを模式的に表したものである。

28点

□(1)　めしべの柱頭についた花粉からのびるものを何というか。

□(2)　(1)の中を通る図の⑦の細胞を何というか。

□(3)　図の⑦の核と⑦の核が合体することを何というか。

□(4)　図の⑦の核と⑦の核が合体した後、胚珠の中で細胞分裂をくり返しながら何になるか。

□(5)　図の⑦の核と⑦の核が合体したものが(4)になり、植物のつくりとはたらきが完成していく過程を何というか。

□(6)　(3)の後、胚珠は発達すると何になるか。

□(7)　生物が子をつくるための特別な細胞を何というか。

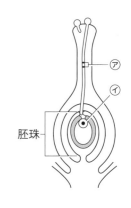

　成績評価の観点　技…観察・実験の技能　思…科学的な思考・判断・表現

3 図1は，カエルの雄と雌による生殖のしくみを，図2の@〜@は，受精卵が成長した後のいろいろな時期のようすを模式的に表したものである。思　　　　　　　　　　　　28点

- □(1) 図1で，精子がつくられる⑦と卵がつくられる⑦の部分の名称をそれぞれ何というか。
- □(2) 図2の@〜@を受精卵が成長していく順に並べ，記号で書きなさい。
- □(3) 図2の@の細胞1個と@の細胞1個の大きさを比べると，どちらの細胞が大きいか。同じ大きさのときは「同じ」と書きなさい。
- □(4) 受精卵が細胞分裂を始めてから，自分で食物をとることのできる個体になる前までの状態を何というか。
- □(5) 動物の受精卵が成長し，からだのつくりとはたらきが完成していく過程を何というか。

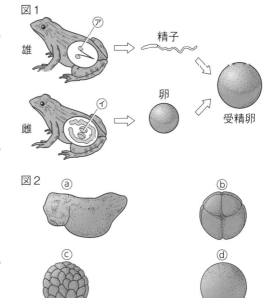

4 図は，生殖のしくみを模式的に表したものである。思　　　　　　　　　　　　18点

- □(1) 有性生殖は，図の⑦，⑦のどちらか。
- □(2) 図の@のような分裂を何というか。
- □(3) 図の@，©にあてはまるものを次の①〜③からそれぞれ選び，番号を書きなさい。

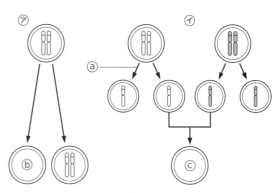

	(1)		(2)		(3)		(4)	⑦→　　→　　→　　→　　→	
1		4点		4点		4点			6点
	(5)						(6)		4点
	(1)		(2)		(3)		(4)		
2		4点		4点		4点			4点
	(5)		(6)		(7)				
		4点		4点					4点
3	(1) ⑦　　　4点		⑦　　　4点		(2)	→　　　　→　　　　→			6点
	(3)			6点	(4)		4点	(5)	4点
4	(1)　　4点	(2)			(3) ⑥　　　5点			©	5点

1 　　/26点　　**2** 　　/28点　　**3** 　　/28点　　**4** 　　/18点

定期テスト予想問題　生命の連続性 — 教科書77〜94ページ

定期テスト
予想問題
4

第2章　遺伝の規則性と遺伝子
第3章　生物の多様性と進化

時間 30分　　/100点
合格 70点
解答 p.34

❶ 図は，2個の丸形の種子のエンドウを交配して得られる種子の遺伝子の組み合わせについて
表に示したものである。ただし，Aは種子の形が丸形の遺伝子，aは種子の形がしわ形の遺
伝子を表す。思　　　　　　　　　　　　　　　　　　　　　　　　　　　　　　　35 点

□(1) エンドウなどの花で，花粉が同じ個体のめしべについ
て受粉することを何というか。

□(2) 親，子，孫と(1)をくり返すことにより，親とすべて同
じ形や性質をもつものを何というか。

□(3) エンドウの種子の形には，丸形としわ形があり，1つ
の種子にはどちらか一方の形が現れる。このように対
をなす形や性質を何というか。

□(4) 表の㋑にあてはまる遺伝子の組み合わせを書きなさい。

□(5) 表の㋐と㋑の種子の形はどうなるか。それぞれについて書きなさい。

□(6) 表の㋐と㋑の種子から育てたエンドウを交配した結果，得られる種子はどのような形の種
子か。

親②の生殖細胞 ＼ 親①の生殖細胞	A	A
A	㋐ A A	A A
a	A a	㋑

❷ 図は，丸形の種子をつくり続けるエンドウ(AA)と，しわ形の種子をつくり続けるエンドウ
(aa)を親として交配して種子(子)をつくり，その種子どうしを交配してできた種子(孫)の
ようすを模式的に表したものである。ただし，種子の形については，丸形が顕性形質である。

思 30 点

□(1) 種子の丸形やしわ形のように，生物のからだの特徴とな
る形や性質のことを何というか。

□(2) 図の㋐の種子は，「丸形の種子」と「しわ形の種子」のど
ちらか。

□(3) 孫にできる種子の「丸形の種子」:「しわ形の種子」の数
の比として正しいものはどれか。次の①～④から選び，
番号を書きなさい。
① 1:1 ② 2:1 ③ 3:1 ④ 4:1

□(4) 孫にできる種子のうち，「丸形の種子」の遺伝子の組み
合わせを，次の①～⑤からすべて選び，番号を書きなさい。
① A ② a ③ AA ④ Aa ⑤ aa

□(5) 19世紀のオーストリアで，エンドウの種子の形や色な
どに注目して，遺伝の規則性を調べる実験を行ったのは
だれか。

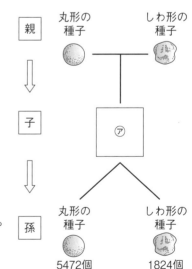

親　丸形の種子　しわ形の種子
⇓
子　㋐
⇓
孫　丸形の種子　しわ形の種子
5472個　　　1824個

❸ 図は，スズメ，コウモリ，クジラ，ヒトの前あし（うで）の骨格を表したものである。次の問いに答えなさい。

35点

□(1) スズメ，コウモリ，クジラの前あしの特徴を，次の㋐〜㋓からそれぞれ選びなさい。

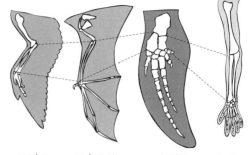

スズメ　　　コウモリ　　　クジラ　　　ヒト

　㋐　陸上を歩くのに適している。
　㋑　水中を泳ぐのに適している。
　㋒　空を飛ぶのに適している。
　㋓　木の上を伝って移動するのに適している。

□(2) 図の4種類の生物の前あしは，もとは魚類の何という部分だったと考えられるか。次の㋐〜㋓から選びなさい。思
　㋐　背びれ　　　　㋑　胸びれ　　　　㋒　尾びれ　　　　㋓　えら

□(3) 図の4種類の生物の前あしは，どれももとは同じでそれが変化してできたと考えられる。このような関係にあるからだの部分を何というか。

□(4) (3)の中には，はたらきを失って痕跡的に残っているものもある。この例として正しいものを，次の㋐〜㋓からすべて選びなさい。
　㋐　チョウのはね
　㋑　ヘビの後ろあし
　㋒　クジラの後ろあし
　㋓　イカの外とう膜の内側にある骨のようなもの

□(5) 次の文の□□□にあてはまる語句を書きなさい。
　(4)は，生物が長い時間をかけて変化してきたことの証拠であると考えられている。このような変化を□□□という。

❶	(1)	5点	(2)	5点	(3)	5点
	(4) 5点	(5) ㋐		㋑ 5点	(6) 5点	

❷	(1)	6点	(2)	6点	(3)	6点
	(4)	6点	(5)		6点	

❸	(1) スズメ	5点	コウモリ	5点	クジラ	5点
	(2)	5点	(3)	5点		
	(4)	5点	(5)	5点		

定期テスト
予想問題

5

第1章　物体の運動
第2章　力のはたらき方

時間 30分		合格 70点	解答 p.35
/100点			

❶ 図1のように手でテープを引き，その運動を1秒間に50回打点する記録タイマーで記録した。図2は，そのテープに5打点ごとに記号をつけたものである。　　　17点

□(1) 図2の打点Aから打点Eまでにかかった時間は何秒か。

□(2) 図2の打点Aから打点Eまでの平均の速さは何cm/sか。

□(3) テープを手で引く速さはどのようになっているか。次の⑦〜⑨から選び，記号で書きなさい。

　　⑦　しだいに速くなっている。

　　⑦　しだいにおそくなっている。

　　⑨　速さは変化していない。

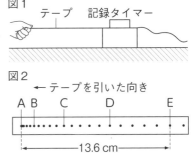

❷ 図は，なめらかな斜面上を台車が下るようすをストロボ写真にとったもので，発光間隔は1秒間に50回である。AB間，AC間，AD間は，それぞれ4.0cm，10.2cm，18.6cmであった。思　　　33点

□(1) 記述 台車にはたらく重力による斜面下向きの力の大きさは，時間とともにどのように変化するか。簡潔に説明しなさい。

□(2) CD間の台車の平均の速さは何cm/sか。

□(3) 台車が動き始めた時刻を0とした時間と台車の速さとの関係を正しく表しているグラフを上の⑦〜④から選び，記号で書きなさい。

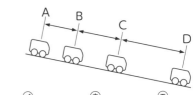

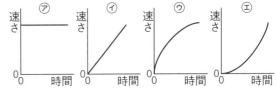

□(4) 記述 斜面の傾きを大きくすると，(3)のグラフはどのように変化するか。簡潔に説明しなさい。

□(5) 台車が斜面を垂直におす力と作用・反作用の関係にあるのは，どんな力か。

❸ 質量400gのおもりに糸をつけ，天井の点Pからつるし，糸の途中の点Oに軽いばねを結びつけて水平に力を加えたところ，図1のような状態で静止した。技 思　　　18点

□(1) PO間の糸が点Oを引く力と，ばねが点Oを引く力を，それぞれ図2に矢印でかきなさい。ただし，図2には，おもりが点Oを引く力を示す矢印で，また，PO間の糸を破線で示してある。

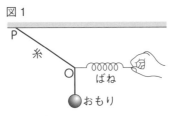

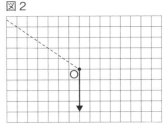

□(2) ばねが点Oを水平に引く力の大きさは何Nか。ただし，質量100gの物体にはたらく重力の大きさを1Nとする。

④ 図1は，だるま落としの木づちで木片⑦をたたいたところを，図2は，2そうのボートに別々の人が乗っているところを表している。　20点

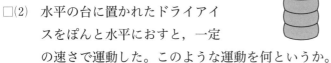
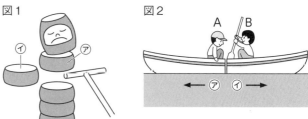

図1　　　　　図2

- □(1)　図1で，⑦が真下に落ちるのは，物質がもっているある性質によるものである。その性質を何というか。
- □(2)　水平の台に置かれたドライアイスをぽんと水平におすと，一定の速さで運動した。このような運動を何というか。
- □(3)　図2で，BさんがAさんのボートをおすとき，Bさんは図の⑦，⑦どちらに動くか。記号で書きなさい。
- □(4)　図2で，相手のボートを動かすと自分のボートも動き出す。この法則を何というか。

⑤ 物体Aを空気中でばねばかりに下げると0.22Nを示した。これを図のように水中に入れると，ばねばかりは0.16Nを示した。思　12点

物体A

- □(1)　物体Aが水から受けた浮力の大きさは何Nか。
- □(2)　物体A全体を水中に入れたまま，物体Aが底に着かないようにして物体の深さを変えた。このとき，ばねばかりの示す値はどうなったか。

❶	(1)		(2)		(3)	
		6点		6点		5点

❷	(1)					
						8点
	(2)		(3)			
		6点				6点
	(4)					
						8点
	(5)					
						5点

❸	(1)	図2に記入		(2)	
			10点		8点

❹	(1)		(2)		
		5点			5点
	(3)		(4)		
		5点			5点

❺	(1)		N	(2)	
			6点		6点

第3章　エネルギーと仕事

① 図のように，レールの上で⑦の点から鉄球を転がし，どのような運動をするかを観察した。なお，摩擦や空気の抵抗は考えないものとする。 思

25点

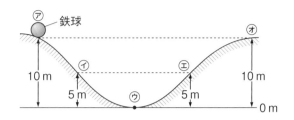

- □(1) 図の⑦の点にある鉄球がもつエネルギーを何というか。
- □(2) 図の⑨の点にある鉄球がもつエネルギーを何というか。
- □(3) 図の⑦の点からスタートした鉄球はどの位置まで移動するか。図の④〜⑦から選び，記号で書きなさい。
- □(4) 鉄球のもつ(1)と(2)の大きさが等しくなるのは，鉄球がどの位置にあるときか。図の⑦〜⑦からすべて選び，記号で書きなさい。
- □(5) 図の⑨の点で鉄球がもっている(2)は，鉄球が図の⑦の点でもっている(2)の何倍か。
- □(6) 図の⑨，⑦，⑦の点で鉄球がもっているエネルギーの総和をそれぞれ E_1，E_2，E_3 とするとき，E_1，E_2，E_3 にはどのような関係が成り立つか。不等号や等号の記号を用いて書きなさい。
- □(7) (6)のような関係が成り立つことを何というか。

② 図のように，質量200 kgの荷物を仕事率が常に一定であるモーターを使って，一定の速さで6 mの高さまで30秒でもち上げた。なお，ロープの質量や摩擦は考えないものとし，100 gの物体にはたらく重力の大きさを1 Nとする。 思

30点

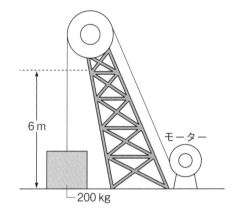

- □(1) 荷物はどのような力にさからって仕事をされたか。力の名称を書きなさい。
- □(2) このモーターが荷物を引く力は何Nか。
- □(3) このモーターがする仕事の大きさは何 J か。
- □(4) このモーターの仕事率の大きさは何Wか。
- □(5) 荷物の質量を1000 kgのものに変えた場合，(4)の仕事率では，この荷物を6 mもち上げるのに何秒かかるか。
- □(6) 計算 荷物の質量を2000 kgのものに変えた場合，(4)の仕事率では，10秒間でこの荷物を何mもち上げられるか。
- □(7) 仕事率の単位は電力の単位と同じである。(4)の仕事率と同じ電力の電子レンジで1分かかる調理を，1000 Wの電子レンジで行うと何秒かかるか。

③ 手回し発電機を使って，発電した電気エネルギーを測定する実験を行った。技　14点

□(1)　手回し発電機を豆電球や電流計，電圧計とつないだ回路で，一定の速さで30回ハンドル を回したときの電気エネルギーを求めるために，電流と電圧の値と，何を測定するか。

□(2)　記述 (1)で求めた電気エネルギーは，ハンドルを回すために加えた運動エネルギーよりも小 さい値となる。その理由を簡潔に書きなさい。

④ 図1〜3のように，質量が30 kgの物体を滑車や斜面を使って，それぞれ図の位置から一 定の速さで6mの高さまでゆっくりと引き上げた。なお，ロープと滑車の重さや摩擦は考え ないものとし，100 gの物体にはたらく重力を1Nとする。思　31点

□(1)　図1〜3で，物体を引き上げるのにした仕事の大きさ について，正しく述べているものを次の㋐〜㋓から選 び，記号で書きなさい。

　　㋐　図1や図2では，図3より仕事の大きさは小さい。

　　㋑　図3では，図1や図2より仕事の大きさは小さい。

　　㋒　図2では，仕事の大きさが図1より小さいが，図 3より大きい。

　　㋓　図1〜3の仕事の大きさは，すべて同じである。

□(2)　(1)のようになる原理を何というか。

□(3)　図1で，物体を6mの高さまで引き上げたときの仕事 の大きさは何Jか。

□(4)　図2と図3で，物体を引き上げるのにロープを引く力 は，それぞれ何N必要か。

□(5)　図2で，物体を6mの高さまで引き上げたときに，引 いたロープの長さは何mか。

□(6)　図1の仕事をするのにかかった時間は30秒であった。図1の仕事の仕事率は何Wか。

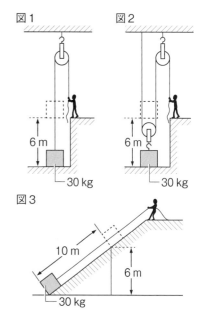

図1　　図2　　6 m　30 kg

図3　10 m　6 m　30 kg

	(1) 3点		(2) 3点		
①	(3) 3点	(4) 4点		(5) 4点	
	(6) 4点		(7) 4点		
②	(1) 3点	(2) 4点	(3) 4点	(4) 4点	
	(5) 5点		(6) 5点	(7) 5点	
③	(1) 7点	(2) 7点			
④	(1) 3点	(2) 5点		(3) 5点	
	(4) 図2　　図3 5点　5点		(5) 3点	(6) 5点	

① 　/25点　**②** 　/30点　**③** 　/14点　**④** 　/31点

定期テスト
予想問題
7

星空をながめよう
第1章　地球の運動と天体の動き

時間30分 ／100点　合格70点

解答
p.38

❶ 天体望遠鏡を用いて，太陽の観測を行った。 技 思　　　　　　　　30点

□(1) 次の文中の{ }から正しいものをそれぞれ選び，記号で答えなさい。
天体望遠鏡の対物レンズを太陽に向け，太陽投影板にうつる望遠鏡のかげが最も小さくなるように調節した。観測中，投影板の記録用紙にうつる太陽の像が少しずつ動いていった側に，①{ ⑦　東　　⑦　西 }と方位を記した。太陽の像には黒点がうつっていた。黒点が黒く見えるのは，周囲より温度が②{ ⑦　低い　　⑦　高い }ためである。黒点は約1か月で太陽を1周するように見えるが，これは，太陽が③{ ⑦　公転　　⑦　自転 }していることを示す。

□(2) 記述 右の図は，黒点の動きを模式的に表したもので，図中の点線は黒点ⓐとⓑがそれぞれ動いた道筋を示している。黒点ⓐは30日，黒点ⓑは27日かかってそれぞれ1周した。このことから，太陽の表面がどのような状態になっていると考えられるか。簡潔に説明しなさい。

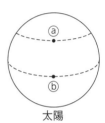
太陽

□(3) 黒点の温度は約何℃か。次の⑦〜①から選び，記号で答えなさい。
　　⑦　約1600万℃
　　⑦　約100万℃
　　⑦　約6000℃
　　①　約4000℃

□(4) 記録用紙上にうつった太陽の像の直径が109 mmになるように調節したところ，太陽の中心付近にある黒点の直径が2.2 mmになった。この黒点の直径は地球の直径の何倍か。小数第1位までの数で答えなさい。ただし，太陽の直径は地球の109倍であるとする。

❷ 図は，日本のある地点で，ある日の太陽の動きを透明半球上に記録したものである。図の●印は，1時間ごとの太陽の位置を示したものである。 技　　　　28点

□(1) 記述 ペンで透明半球上に太陽の位置を表すとき，印をどのようにしてつけるか。簡潔に書きなさい。

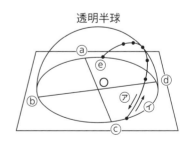
透明半球

□(2) 図の透明半球の中心○から見て，南の方位を表しているのはどれか。図のⓐ〜ⓓから1つ選び，記号で書きなさい。

□(3) 太陽が動く向きを表しているのは，図の⑦，⑦のどちらか。

□(4) 太陽の動く軌跡を延長し，透明半球のふちと交わった図のⓔの点は，太陽のどのような位置を表しているか。

□(5) 太陽が子午線を通過するときの高度を何というか。

□(6) 太陽が透明半球上を1時間に動いた長さが同じになるのは，地球の何という運動と関係しているか。

　成績評価の観点　技…観察・実験の技能　思…科学的な思考・判断・表現

❸ 図は，地球の公転と四季の星座を模式的に表したものである。なお，図は，地球の北極の上空から見たものとする。囲

21点

□(1) 地球の自転の向きを③，⑤から，また，公転の向きを©，⑥から選び，記号で書きなさい。

□(2) 地球が図の⑦の位置にあるとき，一晩中見ることのできる星座はどれか。

□(3) 地球が⑦の位置から公転して移動するとき，地球から見た3か月ごとの太陽の見かけの動きはどのようになるか。次の（ A ）に入る星座名を書きなさい。

・おうし座→（　　　）座→（　　　　）座→（ A ）座

□(4) 地球が⑤の位置にあるとき，明け方に西の空に見える星座はどれか。

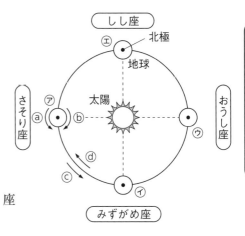

❹ 図1は，日本のある市（北緯36°）で春分・夏至・秋分・冬至のそれぞれの日に，太陽の動いた軌跡を透明半球上に記録したもの，図2は，それぞれの日の地球と太陽の位置関係を模式的に表したものである。囲

21点

□(1) 夏至の日の太陽の通り道はどれか。図1の⑦〜⑨から選び，記号で書きなさい。

□(2) 太陽の通り道が図1の⑨のとき，地球の位置はどれか。図2の③〜⑥から選び，記号で書きなさい。

□(3) 太陽の通り道が図1の⑦のとき，観測地点での太陽の南中高度は何度か。

□(4) 日本が夏至の日のとき，北極では太陽はしずむか。

図1

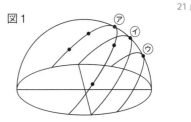

図2

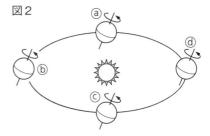

❶	(1)	①		②		③	
			4点		4点		4点
	(2)			(3)		(4)	
			8点		4点		6点
❷	(1)					(2)	
					8点		4点
	(3)		(4)		(5)		(6)
		4点		4点		4点	4点
❸	(1)	自転	公転		(2)		
		4点	4点				4点
	(3)			座	(4)		
				5点			4点
❹	(1)		(2)		(3)		(4)
		5点		5点		6点	5点

定期テスト
予想問題
8

第2章　月と金星の見え方
第3章　宇宙の広がり

時間30分　／100点
合格70点
解答 p.38

❶ 日本で月の形と見える位置を調べるため，観察を行った。 技　　23点

方法 ①　日の入り前に目印になる電柱や建物などを見つけて観察地点を決める。

②　　A　を向いて立ち，西の空から東の空の地形の輪郭をスケッチする。

③　日の入り直後の同じ時刻に，月の位置と形を約1週間ほど，毎日記録する。

□(1) 記述 月は自ら光を出さないが，光って見えるのはなぜか。理由を書きなさい。

□(2) 方法の②の　A　に入る方位を書きなさい。

□(3) 図は，1週間の観察記録である。日付が早いのは，図の⑦，⑦のどちらか，記号で書きなさい。

□(4) 月の形が変わって見える理由を述べた次の文の（　）にあてはまる語句を書きなさい。

　月の形が変わって見えるのは，太陽と地球と月の（　B　）関係が，月の（　C　）によって変わるからである。

❷ 図1は，地球の北極側から太陽，月，地球の位置を模式的に示したものである。 思　　40点

□(1)　月のように，惑星のまわりを公転している天体を何というか。

□(2)　日の入りのころに月が南中して見えるのはどれか。図の⑦〜⑦から選びなさい。

□(3)　月が図の⑦の位置にあるとき，地球からはどのように見えるか。次の①〜④から選び，番号を書きなさい。

①　三日月　　　②　半月　　　③　満月　　　④　見えない(新月)

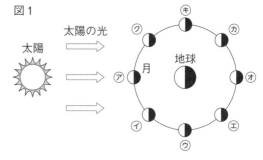

図1

□(4)　図2の写真のように見える月が南中するのはいつごろか。

□(5)　月食が起こる可能性があるのは月がどの位置にあるときか。図の⑦〜⑦から選び，記号で書きなさい。

□(6)　日食が起こる可能性があるのは月がどの位置にあるときか。図の⑦〜⑦から選び，記号で書きなさい。

□(7)　宇宙ステーションから日食のときの地球を見ると，丸い黒い部分が地球の表面にあるのが見える。丸い黒い部分とは何か。

□(8)　図3は，皆既日食が終わり，太陽の端の一部が光りかがやいて見えた瞬間のようすである。しかし，金環日食のときはこのような現象は見られない。太陽と地球の距離が変わらないものとして，金環日食のときの月と地球の距離は，皆既日食のときの月と地球の距離と比べてどうなっているか。

図2

図3

③ 図1は，太陽を中心とした地球と金星の公転軌道，および地球に対する金星の位置A〜Dを表している。図2は，金星が図1のA〜Dのいずれかの位置にあるとき，地球から観察した金星の形を模式的に表している。思　　　　　22点

□(1) 図1のDに金星があるとき，金星はいつごろどの方角に見えるか。次の⑦〜⊈から選び，記号で答えなさい。

⑦ 明け方，東の空　　　⊘ 夕方，西の空

⑨ 明け方，西の空　　　⊈ 夕方，東の空

□(2) 図1のA〜Dのうち，金星が図2のように見えるのはどの位置にあるときか。記号で答えなさい。

□(3) 図1のA〜Dのうち，金星が最も小さく見えるのはどの位置にあるときか。記号で答えなさい。

□(4) 記述 金星を真夜中に観察することはできないが，それはなぜか。簡単に説明しなさい。

図1
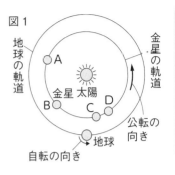

図2

※肉眼で見た向きにしてある。

④ 銀河系について，次の各問いに答えなさい。　　　　15点

□(1) 銀河系などのような，数億〜数千億個の恒星の集まりを何というか。

□(2) 右の図は，銀河系を表したものである。Aで示した距離はどれくらいか。次の⑦〜⊈から選び，記号で答えなさい。

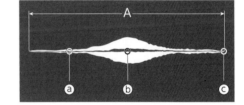

⑦ 約1000光年　　⊘ 約1万光年　　⑨ 約3万光年　　⊈ 約10万光年

□(3) 太陽は，図の銀河系の中にふくまれている。その位置は，ⓐ〜ⓒのうちのどれか。最も適切なものを選び，記号で答えなさい。

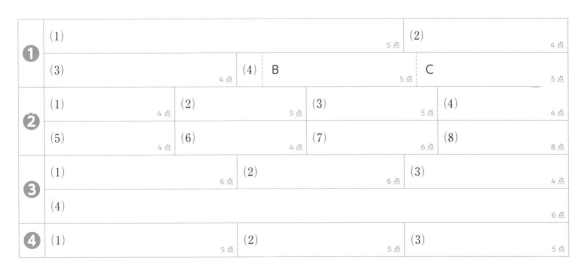

❶	(1)				5点	(2)		4点
	(3)		4点	(4)	B		5点	C	5点

❷	(1)	4点	(2)	5点	(3)	5点	(4)	4点
	(5)	4点	(6)	4点	(7)	6点	(8)	8点

❸	(1)	6点	(2)	6点	(3)	4点
	(4)					6点

❹	(1)	5点	(2)	5点	(3)	5点

よく出る ❶ **図は，ある地域に生息している生物の食べる，食べられるの関係を模式的に示したものである。** 思

29点

□(1) 無機物から有機物をつくり出す生物はどれか。図の⑦〜
　　 ①から選び，記号で書きなさい。

□(2) 無機物から有機物をつくり出すことから，(1)の生物は何
　　 とよばれているか。

□(3) 草食動物を図の⑦〜①から選び，記号で書きなさい。

□(4) 何らかの理由で，生物①が減少する場合，生物⑦と生物
　　 ⑦の数量は一時的にどのようになるか。次の①〜④から
　　 選び，番号を書きなさい。
　　 ① 生物⑦と生物⑦の数量はどちらも増加する。
　　 ② 生物⑦の数量は増加するが，生物⑦の数量は減少する。
　　 ③ 生物⑦の数量は減少するが，生物⑦の数量は増加する。
　　 ④ 生物⑦と生物⑦の数量はどちらも減少する。

□(5) ある地域に生息しているすべての生物とその地域の水や空気，土などの生物以外の環境と
　　 をひとつのまとまりでとらえたものを何というか。次の①〜④から選び，番号を書きなさい。
　　 ① 食物連鎖　　　② 食物網　　　③ 干潟　　　④ 生態系

□(6) 生物の死がいや排出物にふくまれる有機物を無機物に分解するはたらきのある生物をまと
　　 めて何というか。

❷ **図は，自然界における物質の流れを模式的に表したものである。** 思

27点

□(1) 図の⑦，①のうち，二酸化炭素を示している
　　 のはどちらか。

□(2) 図の⑦は，太陽の光などを利用して①の物質
　　 をつくり出すはたらきである。このはたらき
　　 を何というか。

□(3) 図の①はすべての生物がエネルギーをとり出
　　 すために行うはたらきである。このはたらき
　　 を何というか。

□(4) (3)によって，生物は①の物質を二酸化炭素と
　　 何に分解するか。

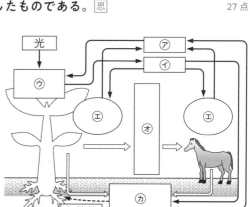

□(5) 図の⑦に当てはまる生物を，次の①〜⑨からすべて選び，番号を書きなさい。
　　 ① ホウセンカ　　　② 乳酸菌　　　③ カエル　　　④ モズ　　　⑤ シイタケ
　　 ⑥ バッタ　　　⑦ アオカビ　　　⑧ 植物プランクトン　　　⑨ ミミズ

成績評価の観点　技…観察・実験の技能　思…科学的な思考・判断・表現

❸ 自然環境を調査し，保全することは大切なことである。技　16点

□(1)　川の水のよごれを調べるためにいろいろな場所で調査した。右の図はある場所で見つけたサワガニである。この生物はどのような場所に生息しているか。次の㋐〜㋓から1つ選び，記号で書きなさい。

　　　㋐　きれいな水　　　㋑　ややきれいな水

　　　㋒　きたない水　　　㋓　とてもきたない水

□(2)　大気のよごれをマツの葉を使って調べる場合，マツの葉のどの部分を調べればよいか。次の㋐〜㋓から1つ選び，記号で書きなさい。

　　　㋐　葉脈　　　㋑　葉緑体　　　㋒　表皮細胞　　　㋓　気孔

□(3)　(2)を顕微鏡で観察するとき，倍率は何倍程度で観察するとよいか。

❹ 図は，火力発電のしくみを示したものである。　28点

□(1)　石油や石炭などの化石燃料がもつエネルギーは何か。

□(2)　火力発電では，大量に発生する温室効果ガスが問題となっている。発生する温室効果ガスはどれか。次の㋐〜㋓から1つ選び，記号で書きなさい。

　　　㋐　窒素　　　㋑　二酸化炭素

　　　㋒　酸素　　　㋓　水素

□(3)　太陽光発電，風力発電，地熱発電，バイオマス発電などに使われているエネルギー資源をまとめて何というか。

□(4)　ガソリン自動車の内燃機関も，ガソリンなどの(1)を利用しているが，ガソリンなどを使わずに，水素と酸素の化学変化からとり出した電気エネルギーで走る自動車を何というか。

□(5)　化石燃料は有限な資源である。将来の世代に対して，継続的に環境を利用する余地を残すことが可能になった社会のことを何というか。

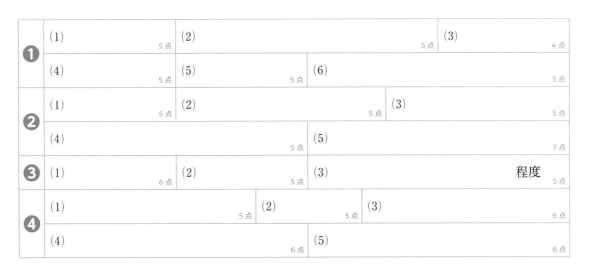

❶	(1)　5点	(2)　5点	(3)　4点
	(4)　5点	(5)　5点	(6)　5点
❷	(1)　5点	(2)　5点	(3)　5点
	(4)　5点		(5)　7点
❸	(1)　6点	(2)　5点	(3)　　　　　　　　　程度　5点
❹	(1)　5点	(2)　5点	(3)　6点
	(4)　6点		(5)　6点

教科書ぴったりトレーニング

〈東京書籍版・中学理科3年〉

この解答集は取り外してお使いください。

---

p.6〜11　ぴたトレ0

化学変化とイオン　の学習前に

第1章／第3章　①原子　②元素記号　③化学式
　④化学反応式　⑤分解　⑥電気分解
　⑦異なる　⑧同じ　⑨電子　⑩逆

第2章　①中性　②青色　③赤色　④赤色
　⑤青色

考え方

第1章／第3章①〜②
　化学変化と，物質が固体，液体，気体の間で状態を変える状態変化を区別する。なお，1種類の元素からできている物質を単体，2種類以上の元素からできている物質を化合物という。

第1章／第3章⑤〜⑥
　例えば，水に電流を流して水素と酸素に分解する変化は電気分解である。また，酸化銀を加熱して酸素と銀に分解するように，分解には，加熱することによって物質が分解する熱分解もある。

第1章／第3章⑨〜⑩
　電子は−(負)の電気をもち，電源の−極から＋極に移動するが，これは電流の向きとは逆である。

第2章①〜⑤
　例えば，酸性の水溶液には塩酸や炭酸水，中性の水溶液には食塩水，アルカリ性の水溶液には水酸化ナトリウム水溶液やアンモニア水がある。

生命の連続性　の学習前に

第1章／第2章　①受精卵　②子宮　③子房
　④被子植物　⑤やく　⑥柱頭　⑦果実
　⑧種子　⑨細胞　⑩細胞膜　⑪核

第3章　①裸子植物　②コケ植物
　③セキツイ動物

考え方

第1章／第2章①〜②
　メダカもヒトも，受精した卵(受精卵)が育って，子が誕生する。

第1章／第2章⑨〜⑪
　動物のからだも植物のからだも細胞からできている。どちらも核と細胞膜はもつが，細胞壁・液胞・葉緑体は植物の細胞にしかない。

第3章①〜②
　シダ植物やコケ植物は胞子でふえる。葉・茎・根の区別があるものがシダ植物で，区別がないものがコケ植物である。
　種子植物は，胚珠が子房の中にある被子植物と，子房がなく胚珠がむき出しの裸子植物に分けられる。被子植物は子葉が1枚の単子葉類と，子葉が2枚の双子葉類に分けられる。

第3章③
　ホニュウ類のみ胎生で，そのほかは卵生である。また，魚類はえら呼吸，ハチュウ類・鳥類・ホニュウ類は肺呼吸であるが，両生類は子(幼生)はえら呼吸と皮膚呼吸，親(成体)は肺呼吸と皮膚呼吸である。からだの表面は，魚類やハチュウ類はうろこ，両生類はしめった皮膚，鳥類は羽毛，ホニュウ類は毛でおおわれている。

運動とエネルギー　の学習前に(1)

第1章／第2章　①運動　②ニュートン
　③作用点　④等しい
　⑤逆　⑥圧力　⑦パスカル
　⑧大気圧(気圧)　⑨ヘクトパスカル

考え方

第1章／第2章④〜⑤
　例えば，机の上に置かれている本には，下向きの重力(地球が本を引く力)と，上向きの机からの垂直抗力(机が本をおす力)の2力がつり合っている。

第1章／第2章⑥
　同じ力の大きさでも，力のはたらく面積が大きいほど，圧力は小さい。また，力のはたらく面積が同じでも，力の大きさが大きいほど，圧力は大きい。

運動とエネルギー　の学習前に⑵
第3章　①上　②光　③熱　④音
　　　　⑤運動(動き)　⑥燃焼
　　　　⑦化学エネルギー
　　　　⑧電気エネルギー

考え方

第3章①
金属と，水や空気では，あたたまり方が異なる。

第3章②〜⑤
私たちは電気を光や音，熱，運動などに変えて利用している。また，光電池に光を当てたり，手回し発電機のハンドルを回したりして，電気をつくる(発電する)こともできる。発電所では発電機(電磁誘導を利用して，電流を連続的に発生するようにした装置)を使って，電気をつくっている。

第3章⑥
燃焼も酸化の一種である。

地球と宇宙　の学習前に
第1章　①東　②西　③ある
　　　　④星座　⑤変わらない(同じ)
第2章／第3章　①東　②西
　　　　③変わらない(同じ)　④太陽　⑤太陽

考え方

第1章③〜④
例えば，はくちょう座のデネブは白っぽい1等星，さそり座のアンタレスは赤っぽい1等星である。

第1章⑤
星(星座)は，時刻とともに動くが，太陽や月の動き方とはちがう。

第2章／第3章①〜③
月も太陽も，時刻とともに東から南の空を通って西へと動く。

第2章／第3章④〜⑤
月は太陽の光を受けてかがやいていて，月と太陽の位置関係が変わるから，日によって月の形が変わって見える。

地球と私たちの未来のために　の学習前に
第1章／第2章　①食物連鎖　②環境
　　　　③二酸化炭素
　　　　④光合成　⑤葉緑体
第3章　①有機物　②無機物　③密度　④導体
　　　　⑤不導体(絶縁体)　⑥原子　⑦分子
　　　　⑧単体　⑨化合物

考え方

第1章／第2章①〜⑤
植物を食べる動物，また，その動物を食べる動物がいて，生物は「食べる・食べられる」という関係でつながっている。動物の食べ物のもとをたどっていくと，光合成により養分をつくり出すことができる植物にたどり着く。

第3章①〜②
木やプラスチックは有機物である。有機物の多くは炭素のほかに水素をふくんでおり，燃えると二酸化炭素のほかに水が発生する。

第3章③
物質の密度は，その物質の種類によって決まっているので，密度のちがいにより，物質を区別することができる。

第3章④
電流の流れにくさを電気抵抗(または単に抵抗)という。

第3章⑥〜⑨
例えば，酸素原子2つが結びついて酸素分子を，水素原子2つが結びついて水素分子を，水素原子2つと酸素原子1つが結びついて水分子ができる。水素分子や酸素分子は単体，水分子は化合物である。

化学変化とイオン

1　①電解質　②非電解質　③電流計
2　①電気分解　②化学　③赤　④金属光沢
　　⑤銅　⑥塩素　⑦漂白(脱色)　⑧逆　⑨陰極
　　⑩陽極

考え方
1　果汁に電流が流れるのは，果汁には電解質であるクエン酸がふくまれているため。
2　塩化銅水溶液の電気分解では，電源の＋極につないだ電極(陽極)側から塩素が発生し，－極につないだ電極(陰極)側に銅が付着する。

❶　(1)⑦，⑦　(2)非電解質　(3)すべて
❷　(1)陰極　(2)赤色
　　(3)特有のかがやき(金属光沢)が見られる。
　　(4)⑦　(5)消える。　(6)⑦

考え方
❶(1)，(2)水にとかしたときに電流が流れる物質のことを電解質という。塩化ナトリウムや塩化水素は電解質，砂糖やエタノールは非電解質である。
　(3)どれも大きくはないが電流が流れる。雨水は二酸化炭素などがとけていることによって電流が流れるが，電流計の針がほとんどふれないこともある。
❷(1)電源装置の－極に接続しているので陰極。
　(2)電極Aの表面に付着した赤色の物体は銅。
　(3)みがくと特有のかがやき(金属光沢)が出る以外の，金属の性質も再確認しよう。
　(4)，(5)電極Bの表面から発生した気体は塩素である。プールの消毒剤のような強いにおいがあり，とても有毒な気体である。また，塩素には漂白(脱色)作用があるため，赤インクの色が消える。
　(6)塩化銅は銅原子1個に塩素原子が2個の割合で結びついている。また，塩素原子2個で塩素分子1個ができる。

1　①陽　②水素　③電気
2　①陽子　②中性子　③1　④イオン
　　⑤塩化物　⑥陰　⑦電離　⑧H^+
　　⑨電子　⑩原子核　⑪中性子
　　⑫Na^+　⑬Cl^-

考え方
1　うすい塩酸を電気分解すると，同じ体積の塩素と水素が生じるが，塩素は水にとけやすいため，上部にたまる量は水素より少ない。
2　塩素原子が電子を受けとってできるイオンは，「塩素イオン」ではなく，「塩化物イオン」である。

❶　(1)水素　(2)① 2　②H_2
❷　(1)陽子　(2)中性子　(3)原子核
　　(4)帯びていない
　　(5)①⑦　②⑦　③⑦　④⑦　⑤⑦
　　(6)①Na^+　②Mg^{2+}　③Cl^-　④$SO_4{}^{2-}$
　　　⑤水素イオン　⑥銅イオン
　　　⑦水酸化物イオン　⑧硝酸イオン
　　(7)①$CuCl_2 \longrightarrow Cu^{2+} + 2Cl^-$
　　　②$H_2SO_4 \longrightarrow 2H^+ + SO_4{}^{2-}$

考え方
❶(1)塩酸の電気分解では，陰極から水素が発生し，陽極から塩素が発生する。
　(2)化学反応式では，矢印の左右で原子の種類や数が同じになるようにする。
❷(1)〜(4)原子核は＋の電気をもつ陽子と電気をもたない中性子からできている。また，陽子1個のもつ＋の電気の量と電子1個がもつ－の電気の量が等しいので，原子全体としては電気を帯びていない状態である。
　(5)原子が電子を受けとると，－の電気を帯びて陰イオンになり，電子を失うと，＋の電気を帯びて陽イオンになる。
　(6)マグネシウム原子や銅原子の場合，電子を2個失って陽イオンとなる。イオンを化学式で書くときには，元素記号の右上に書く数字に注意する。
　(7)矢印の右側の中で，陽イオンの＋の数と陰イオンの－の数を等しくすること。

1 (1)右図

(2)精製水

(3)A，C，D

(4)電解質

(5)電解質の食塩を
　ふくむため，電
　流は流れる。

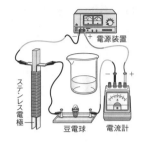

電源装置

ステンレス電極

豆電球　　電流計

2 (1)銅　(2)手であおぎ寄せてにおいをかぐ。

(3)塩素　(4)電極B　(5)塩化物イオン

(6)①⑦　②$CuCl_2 \longrightarrow Cu + Cl_2$

3 (1)ナトリウムイオン　(2)1：1

(3)砂糖の分子　(4)B　(5)H^+

(6)①Zn^{2+}　②OH^-　③NO_3^-

(7)①マグネシウムイオン

②硫酸イオン

③アンモニウムイオン

考え方

1 (1)電源装置の＋端子と電流計の＋端子をつ
なぎ，電流計の－端子→豆電球→電極→
電源装置の－端子とつながるようにかく。

(2)水道水は，わずかに電流が流れるので，
水道水で洗った後，さらに精製水で洗っ
てから，次の水溶液を調べる。

(3)，(4)電解質がとけた水溶液には電流が流
れる。オレンジジュースにも電解質がふ
くまれている。

(5)食塩（塩化ナトリウム）がふくまれている
ことから，電流が流れると考えられる。

2 (1)電極Aは電源装置の－端子につながって
いるので陰極である。塩化銅水溶液を電
気分解すると，陰極には銅が付着する。

(2)気体には有毒なものもあるので，におい
をかぐときは容器を近づけすぎないよう
にして，手であおいでかぐようにする。
保護眼鏡も着用するとなおよい。

(3)電極Bは陽極で，塩素が発生する。

(4)図2では右側の電極Bが陰極となり，図
1と逆になるが，銅が付着する電極は陰
極である。

(5)「塩素イオン」としないように注意するこ
と。正しくは「塩化物イオン」である。

(6)①$Cu^{2+}：Cl^- ＝ 1：2$の割合となる。

②塩素は分子の状態で表す。

3 (1)，(2)塩化ナトリウムは水にとかすと，陽
イオンのナトリウムイオンと陰イオンの

塩化物イオンに電離する。陽イオンと陰
イオンの数の比は1：1となる。

(3)砂糖は水によくとけるが分子の状態に
なっていて，電気は帯びていない。

(4)陽極側の電極に引かれるのは，－の電気
をもったBの粒子である。＋の電気を
もったAの粒子は陰極に引かれる。

(5)塩化水素を水にとかすと，陽イオンの水
素イオンと陰イオンの塩化物イオンに電
離する。したがって，水素イオンの化学
式を書く。

(6)①は陽イオン，②と③は陰イオンである。

(7)③はアンモニア分子の化学式と似ている
が，アンモニアイオンと書くと誤りである。

1 ①精製水　②酸　③赤　④アルカリ

⑤青　⑥黄　⑦緑　⑧青　⑨アルカリ

⑩酸　⑪アルカリ　⑫ガラス棒

2 ①火　②水素　③アルカリ　④電解質

⑤酸性　⑥マグネシウムリボン

考え方

1 フェノールフタレイン溶液は，アルカリ性の
水溶液に加えたときにだけ赤色に変化する。

2 マグネシウムなどの金属を酸性の水溶液に
入れると水素が発生する。

1 (1)塩酸　(2)A，B，G

(3)C，E，H

(4)D，F

(5)D

(6)①二酸化炭素　②酸性

2 (1)⑦　(2)水素

考え方

1 (1)塩化水素は水によくとける気体で，その
水溶液は塩酸という。

(2)緑色のBTB溶液を加えたときに，青色
を示す水溶液はアルカリ性の水溶液であ
る。

(6)呼気（はく息）は，まわりの空気よりも二
酸化炭素がふくまれる割合が大きい。二
酸化炭素がとけた水溶液は炭酸水といい，
弱い酸性を示す。

② (1)，(2)酸の水溶液(塩酸など)に，金属(マグネシウムリボンなど)を入れると，水素が発生する。したがって，水素を集めた試験管の口に火を近づけると，水素が音を立てて燃える。

p.20 **ぴたトレ1**

1 ①黄　②陰　③H$^+$　④水素イオン(H$^+$)
　⑤酸　⑥青　⑦陽　⑧OH$^-$
　⑨水酸化物イオン(OH$^-$)　⑩アルカリ

2 ①7　②中　③酸　④アルカリ
　⑤酸性　⑥アルカリ性

考え方

1 図の実験で，色の変化として見ることはできないが，塩酸では，酸性を示す水素イオンH$^+$が陰極に引かれているとき，塩化物イオンCl$^-$は陽極に引かれている。同様に，水酸化ナトリウム水溶液のナトリウムイオンNa$^+$は陰極に引かれている。

2 pHは，中性の7を中心に，7よりも小さければ酸性，7よりも大きければアルカリ性である。

p.21 **ぴたトレ2**

① (1)黄色　(2)陰極側　(3)水素イオン
　(4)青色に変色し，変色した部分は陽極側に向かって移動する。

② (1)酸　(2)①H$^+$＋Cl$^-$　②2H$^+$＋SO$_4$$^{2-}$
　(3)アルカリ　(4)①Na$^+$＋OH$^-$　②K$^+$＋OH$^-$
　(5)リンゴ　(6)値…14　色…こい青色

考え方

② (1)水溶液にしたとき，電離して水素イオンを生じる化合物を酸という。
　　酸 ━━▶ H$^+$ ＋ 陰イオン
　(2)塩化水素HClも硫酸H$_2$SO$_4$も酸なので，電離すると水素イオンと陰イオンに分かれる。生じる陰イオンは，塩化水素では塩化物イオンCl$^-$，硫酸では硫酸イオンSO$_4$$^{2-}$である。
　(3)水溶液にしたとき，電離して水酸化物イオンを生じる化合物をアルカリという。
　　アルカリ ━━▶ 陽イオン ＋ OH$^-$
　(4)水酸化ナトリウムNaOHも水酸化カリウムKOHもアルカリなので，電離すると陽イオンと水酸化物イオンに分かれる。

p.22 **ぴたトレ1**

1 ①こまごめ　②黄　③青　④中性
　⑤蒸発　⑥塩化ナトリウム　⑦ゴム球

2 ①中和　②水素イオン(H$^+$)
　③水酸化物イオン(OH$^-$)　④水(H$_2$O)
　⑤熱　⑥温度　⑦H$^+$　⑧OH$^-$　⑨水

考え方

1 こまごめピペットを使うときは，ゴム球がいたんでしまうことがあるので，ゴム球に液が入らないように注意する。

2 中和の反応は発熱反応である。

p.23 **ぴたトレ2**

① (1)こまごめ　(2)エ　(3)ア
　(4)黄色　(5)中性　(6)中和
　(7)H$^+$ ＋ OH$^-$ ━━▶ H$_2$O　(8)ウ

考え方

① (2)こまごめピペットを持つときは，親指と人さし指はゴム球をおせるようにし，下の3本の指でガラスの部分を持つようにする。
　(3)液体をとるときは，親指と人さし指でゴム球をおした状態でピペットの先を液体に入れ，親指をゆるめて液体を吸いこむようにする。
　(4)酸性の水溶液にBTB溶液を加えると，黄色になる。
　(5)，(6)酸性のうすい塩酸に，アルカリ性のうすい水酸化ナトリウム水溶液を加えていくと中和が起こり，ある量のところで中性になる。中性のとき，BTB溶液は緑色を示す。
　(8)マグネシウムリボンをうすい塩酸に入れると激しく気体(水素)が発生する。その状態の塩酸にうすい水酸化ナトリウム水溶液を加えていくと，酸の性質が弱くなっていくので，気体はだんだん発生しなくなる。

ぴたトレ1

1 ①水酸化物 ②酸 ③水素 ④中 ⑤緑
⑥塩化ナトリウム ⑦水酸化物 ⑧青
⑨酸 ⑩中 ⑪アルカリ

2 ①陰 ②塩 ③塩化ナトリウム
④沈殿 ⑤水

考え方

1 中和が起こっているのは水溶液が中性になるまでである。中性になった後に水酸化ナトリウム水溶液を加えても，水素イオンは残っていないので，中和は起こらない。

2 中和では，水と塩ができる。

ぴたトレ2

1 (1)⑦ (2)7 (3)塩化ナトリウム
(4)温度は高くなっている。 (5)①⑦ ②⑦

2 (1)Ba^{2+} (2)$BaSO_4$ (3)塩 (4)⑦

考え方

1 (1)液は中性になっていることから，水素イオンと水酸化物イオンは残っていない状態になっている。

(5)水素イオンの数と水酸化物イオンの数が同じになるようにする。

2 (2)，(3)白い沈殿は，バリウムイオンと硫酸イオンが結びついてできた硫酸バリウムという塩。

(4)実験1でできる塩の硫酸バリウムは，水にとけないため白い沈殿ができるが，実験2でできる塩の硝酸カリウムは水にとけるので，水溶液は透明なままとなる。

ぴたトレ3

1 (1)精製水には電流が流れないから。

(2)㋤

(3)右図

赤色リトマス紙
糸
赤色リトマス紙
陽極 陰極

2 (1)H_2

(2)中和

(3)$H^+ + OH^- \longrightarrow H_2O$

(4)①青色

②水溶液が酸性になったから。

③黄色

3 (1)8.0 cm³ (2)2.5 cm³

(3)㋧，㋪

(4)塩化ナトリウム

4 (1)KNO_3 (2)H^+

1 (1)精製水でろ紙をしめらせてもほとんど電流が流れないので，糸にしみこませた水溶液から，イオンが電極に向かって移動することができない。

(2)塩化物イオンによってリトマス紙の色が変わることはない。水素イオンは陽イオンなので陰極に向かって移動する。

(3)糸から陽極に向かって水酸化物イオンが移動する。したがって，陽極に近い赤色リトマス紙をぬりつぶす。

2 (1)酸性の水溶液にマグネシウムリボンを入れると，水素が発生する。

(2)，(3)中和では，水素イオンと水酸化物イオンが結びついて水になる。

(4)①うすい水酸化ナトリウム水溶液はアルカリ性の水溶液なので，青色を示す。

②アルカリ性の水溶液にマグネシウムリボンを入れても気体は発生しない。また，うすい塩酸を加えても酸性になるまでは酸の性質がないため気体は発生しないが，中性をこえて酸性になると，気体が発生し始める。

③強い酸性になっているので，黄色を示す。

3 (1)うすい塩酸にうすい水酸化ナトリウム水溶液を加えていって，最初に緑色になったときである。

(2)塩酸 10.0 cm³ に，水酸化ナトリウム水溶液 8.0 cm³ を加えると中性になるので，水酸化ナトリウム水溶液 2.0 cm³ を中性にする塩酸の体積を比で求める。求める体積を x 〔cm³〕とすると，
10.0 : 8.0 = x : 2.0 x = 2.5 cm³

(3)中和は，水素イオンと水酸化物イオンが反応する化学変化である。㋤は水素イオンがあるだけで，㋪は中性になったあとに水酸化物イオンがふえていくだけである。

4 (2)硝酸を 30 cm³ 加えて中性になるまでは，中和により水素イオンはふえないが，それ以後はふえる。硝酸イオンは初めからふえ続ける。

p.28 ぴたトレ**1**

① ①電解質　②異なる　③－　④＋　⑤電池
② ①種類　②あたえて
　③亜鉛イオン　④電流　⑤電子
　⑥水素原子　⑦水素分子

考え方
① 非電解質の水溶液では，水溶液中に電子を受け渡すイオンがないので，電流が流れない。
② イオンになりやすい方の金属が電子を失って陽イオンとなって水溶液中にとけ出す。

p.29 ぴたトレ**2**

❶ (1)電池　(2)①化学　②電気　(3)⑦
　(4)2種類の金属板を用いる必要がある。
　(5)流れない。
❷ (1)電子　(2)陽イオン　(3)陽イオン
　(4)ⓑ　(5)金属板B
　(6)①(水素)原子　②2　③(水素)分子
　(7)マグネシウムリボン

考え方
❶ (1)電解質の水溶液に2種類の金属板を入れて導線でつなぐと，金属間に電圧が生じて，電流が流れる。化学変化により電流を流す(とり出す)しくみをもつものを電池という。
　(2)電池は，物質がもっている化学エネルギーを，化学変化によって電気エネルギーに変換している。
　(3)＋極の銅板から－極の亜鉛板の向きに電流が流れる。
　(4)金属板は異なる種類のものでなければ電流をとり出すことはできない。
　(5)エタノール水溶液は電解質の水溶液ではないので，電流は流れない。
❷ (1)，(2)金属板Aには金属原子がイオンMとなってとけ出すときに失った電子が残される。イオンMは電子を失うので，陽イオンである。
　(3)イオンQは電子を受けとるので，陽イオンである。
　(4)，(5)電流の向きは，電子が移動する向きとは逆であるからⓑ。したがって，金属板Bが＋極で，金属板Aが－極になっている。

(6)陽イオンのイオンQは，水素イオン(H⁺)を表している。水素イオンは電子を受けとると水素原子になり，水素原子が2個結びつくと水素分子ができる。それが気体の水素として金属板Bの表面から空気中に出ていく。

水素の発生
B ＋極
水素分子
水素イオンが電子を受けとり，水素原子になる。

(7)金属によってイオンへのなりやすさに差がある。2種類の金属板では，陽イオンになりやすい金属の方が－極になるため，マグネシウムと銅ではイオンになりやすいマグネシウムが－極になる。
【主な金属の陽イオンへのなりやすさ】
Na＞Mg＞Al＞Zn＞Fe＞Cu＞Ag

p.30 ぴたトレ**1**

① ①$2e^-$　②－　③Cu^{2+}　④亜鉛
　⑤電子　⑥－　⑦＋
② ①電圧　②逆(反対)　③二次電池(蓄電池)
　④充電　⑤燃料　⑥電気エネルギー
　⑦一次電池　⑧水素　⑨酸素

考え方
① セロハン膜以外に，素焼き板も2つの水溶液を分けて必要なイオンを通すので，ダニエル電池に使用できる。
② 水の電気分解とは逆の化学変化を利用する電池を燃料電池という。

p.31 ぴたトレ**2**

❶ (1)亜鉛板…$Zn \longrightarrow Zn^{2+} + 2e^-$
　銅板…$Cu^{2+} + 2e^- \longrightarrow Cu$
　(2)＋極　(3)①銅　②亜鉛　③電子
❷ (1)⑦，㊉　(2)④，⑤
　(3)$2H_2 + O_2 \longrightarrow 2H_2O$　(4)④

考え方
❶ (1)亜鉛板では，亜鉛原子が電子を2個失って亜鉛イオンとなって硫酸亜鉛水溶液中にとけ出す。亜鉛原子が失った電子は導線を通って銅板へ移動する。銅板の表面では，硫酸銅水溶液中の銅イオンが電子を2個受けとり，銅原子となって付着する。

(2)電子は亜鉛板から銅板に向かって移動しているので、亜鉛板が−極、銅板が＋極となる。

(3)素焼きの容器は、セロハン膜と同じように、電流を流すためのイオンは通過させる。

❷(3)図１は、水の電気分解の装置で、電流が流れるようにするために水酸化ナトリウムをとかした水溶液を用いている。図２は、水の電気分解とは逆の化学変化を利用していて、このような電池を燃料電池という。したがって、水素と酸素が結びついて水ができるときの化学反応式を書く。

p.32〜33
ぴたトレ3

❶ (1)X…ⓦ　Y…ⓐ

(2)①$CuSO_4 \longrightarrow Cu^{2+} + SO_4{}^{2-}$　②銅
③水溶液中の銅イオンが銅原子になったことで、水溶液中の銅イオンの数が減ったから。

(3)ⓐ　(4)ⓐ

❷ (1)銅板　(2)ⓐ

(3)亜鉛板…小さくなる。
銅板…大きくなる。

❸ (1)一次電池　(2)ⓐ、ⓘ、ⓔ

(3)燃料電池

(4)発生するものが水だけだから。

考え方

❶(1)硫酸銅水溶液にマグネシウム片を入れたとき、マグネシウム片の表面に銅が付着することから、マグネシウムが陽イオンとなって水溶液中にとけ出している。したがって、銅とマグネシウムでは、マグネシウムの方が陽イオンになりやすいことからXはⓦ。
硫酸亜鉛水溶液に銅片を入れたとき、反応していないことから、銅と亜鉛では、亜鉛の方が陽イオンになりやすい。したがって、Yはⓐ。

(3)硫酸亜鉛水溶液にマグネシウム片を入れたとき、マグネシウム片の表面に亜鉛が付着していることから、亜鉛とマグネシウムでは、マグネシウムの方が陽イオンになりやすいと考えられる（亜鉛＜マグネシウム…①）。また、硫酸亜鉛水溶液に

銅片を入れたとき、反応しなかったことから、亜鉛と銅では、亜鉛の方が陽イオンになりやすいと考えられる（銅＜亜鉛…②）。①と②より、銅＜亜鉛＜マグネシウム

(4)硝酸銀水溶液中の銀イオンは、銅線をつくっている銅原子が失った電子を受けとり、銀原子として銅線の表面に付着している。このことから、銀と銅では、銅の方が陽イオンになりやすいと考えられる。

❷(1)銅と亜鉛では、亜鉛のほうがイオンになりやすい。亜鉛板をつくっている亜鉛原子が電子を失って、亜鉛イオンとなって硫酸亜鉛水溶液中にとけ出す。電子は導線を移動し、電子オルゴールを通り、銅板へと流れる。銅板の表面では、硫酸銅水溶液中の銅イオンが電子を受けとって銅原子となって付着する。電子の流れる向きと電流の流れる向きは逆向きであるため、電子が流れこんでいる銅板が＋極。

(3)亜鉛板をつくっている亜鉛原子は、亜鉛イオンとなってとけ出しているため、亜鉛板の質量は小さくなる。一方、銅板には銅原子が付着するため、質量は大きくなる。

❸(2)リチウム電池は一次電池、リチウムイオン電池は二次電池であることに注意。

(3)水素と酸素が結びつく（酸化）するときに出るエネルギーを、電気エネルギーとして直接とり出す装置が燃料電池である。この反応では、水しか生じない。燃料電池で発電した電池でモーターを回転させて走るのが、燃料電池自動車である。ガソリンを燃料とする自動車とちがい、大気中に二酸化炭素を出さず、環境に対する悪影響が少ないと考えられている。

生命の連続性

p.34　ぴたトレ1

1　①細胞分裂　②染色体　③遺伝子
　④体細胞分裂　⑤核　⑥細胞質
2　①生殖　②無性生殖　③花粉管
　④精細胞　⑤卵細胞　⑥受精
　⑦受精卵　⑧有性生殖　⑨胚　⑩胚

考え方
1　からだをつくっている細胞ひとつひとつが大きくなることで、生物のからだは成長する。
2　胚と胚珠のちがいに注意する。

p.35　ぴたトレ2

1　(1)はなれやすく　(2)遺伝子　(3)ⓒ
2　(1)エ、ス　(2)オ　(3)オ、コ
　(4)コ(サ)、サ(コ)、シ
　(5)シ、ア、カ
　(6)ク　(7)ケ

考え方
1　(1)塩酸は細胞壁どうしを結びつけている物質をとかすため、ひとつひとつの細胞がはなれやすくなり、観察しやすくなる。
　(2)生物の形や性質といった形質を決めるのは、染色体にある遺伝子である。
　(3)ⓐ〜ⓔを細胞分裂の順に並べると、ⓑ→ⓓ→ⓐ→ⓒ→ⓔとなる。
　ⓑは、細胞分裂の初期で、核の中に染色体が見えるようになったようすを表し、そのあと核の膜がなくなり、ⓓのようになる。そして、ⓐのように染色体が中央付近に集まり、ⓒのように細胞の両端(両極)に分かれて移動する。
2　(1)花粉がめしべの先(柱頭)につくことを受粉という。
　(2)、(3)受粉後、花粉から柱頭の内部へと花粉管がのび、その中を精細胞が運ばれていく。
　(4)花粉管が胚珠に達すると、胚珠の中の卵細胞と精細胞が受精して、受精卵ができる。
　(5)〜(7)受精卵は胚珠の中で細胞分裂をくり返して胚になり、胚珠全体は発達して種子になる。種子は条件が整うと発芽する。

p.36　ぴたトレ1

1　①卵　②精子　③胚　④器官　⑤発生
　⑥受精卵　⑦胚
2　①体細胞　②染色体　③減数分裂
　④半分　⑤遺伝子　⑥クローン

考え方
1　動物でも植物でも、有性生殖では卵と精子、卵細胞と精細胞のように、2種類の生殖細胞がつくられる。
2　減数分裂が起こるのは、生殖細胞がつくられるときだけ。受精卵は体細胞分裂を行うことに注意する。

p.37　ぴたトレ2

1　(1)①イ　②ア　③オ　④カ　⑤ウ
　(2)A→D→B→C　(3)ア、ウ
2　(1)減数分裂　(2)受精　(3)キ

考え方
1　(1)多くの動物は有性生殖を行ってふえる。雌の卵巣で卵、雄の精巣で精子がつくられ、精子の核と卵の核が合体して(受精)、受精卵ができる。
　(2)Aの受精卵は1個の細胞で、細胞分裂をくり返して2個→4個→8個→…と細胞の数がふえていき、Dのような状態になる。D全体の大きさはAとほとんど同じなので、細胞1個1個の大きさは小さくなる。
　さらに細胞分裂がくり返され、B→Cのようにおたまじゃくしのからだの形がだんだんできてくる。
　(3)アメーバやゾウリムシなどの単細胞生物は、体細胞分裂によってふえる。多細胞生物であるイソギンチャクは、からだの一部に、体細胞分裂でふえた細胞で新しい個体をつくり、その部分を切りはなしてふえることもできる。
2　(3)減数分裂によってつくられる生殖細胞の遺伝子の数は、親のからだの細胞の遺伝子の数の半分になる。これにより、受精卵は両親の生殖細胞から半分ずつ遺伝子を受けとるので、受精卵の染色体の数は、両親のからだの細胞の染色体の数と同じになる。

❶ (1)㋤　(2)㋑
　(3)名称…染色体　記号…㋤
❷ (1)花粉管
　(2)寒天が乾燥しないようにする。
　(3)受精　(4)胚　(5)発生　(6)栄養生殖
　(7)有性生殖では親と子の形質は異なることが
　　あるが，無性生殖では親と子の形質は同じ
　　である。
❸ (1)A　(2)ⓐ精巣　ⓑ卵巣　ⓒ精子　ⓓ卵
　(3)生殖細胞　(4)有性生殖
　(5)ほぼ同じ大きさである。
　(6)遺伝子
❹ (1)減数分裂
　(2)右図
　(3)クローン

〈別解〉

❶(1)根の先端に近い部分がもっともよくのび
　　る。この部分は，細胞分裂がさかんに行
　　われている。
　(2)ⓒの部分は，細胞分裂がさかんに行われ
　　ているため，細胞は小さい。ⓐやⓑの部
　　分のように根もとに近い部分ほど，ひと
　　つひとつの細胞が大きい。
❷(4)，(5)受精卵は，体細胞分裂をくり返して
　　胚になる。胚は，将来，からだになるつ
　　くりを備えている。受精卵が胚になり，
　　個体としてのからだのつくりができてい
　　く過程を発生という。
　(7)有性生殖では，両方の親からそれぞれ遺
　　伝子を受けつぐので，親とは異なった形
　　質の子がうまれることがあるが，無性生
　　殖では，親のからだの一部が分かれるだ
　　けなので，親の遺伝子をそのまま受けつ
　　ぐことになる。そのため，形質は親と同
　　じになる。
❸(1)〜(3)Aが雄，Bが雌を表していて，雄で
　　は精巣で生殖細胞の精子が，雌では卵巣
　　で生殖細胞の卵がつくられる。
　(4)雄と雌でつくられた生殖細胞が受精する
　　ことで子ができるふえ方を，有性生殖と
　　いう。
　(5)受精卵は細胞分裂によって胚となるが，
　　受精卵と胚の大きさはほとんど変わらな
　　い。したがって，細胞1個1個の大きさ
　　はだんだん小さくなっていく。

(6)親から子へ，生殖細胞によって形質を決
　める遺伝子が伝えられる。遺伝子は，生
　殖細胞の染色体だけにあるのではなく，
　すべての細胞の染色体にふくまれている
　ことに注意しよう。
❹(2)Bは受精を表す。したがって，ⓒにはⓐ
　とⓑの染色体が受けつがれ，染色体の数
　は親と同じ4本になる。
　(3)無性生殖でできた子とその親のように，
　起源が同じで，同一の遺伝子をもつ個体
　の集団をクローンという。
　　無性生殖は，短い時間で次の世代をつく
　ることができるなどの利点がある。一方
　で，無性生殖でできるクローンは親と
　まったく同じ形質をもつため，個体の
　生育環境に劇的な変化などが生じた場合，
　その変化に対応できずに，親も子もすべ
　てが死んでしまう可能性もある。

■ ①遺伝　②自家受粉　③純系　④対立形質
　⑤孫　⑥子　⑦孫
■ ①2　②AA　③aa　④分離の法則

■子の代の種子は全て丸形だが，しわ形の形
　質を伝える遺伝子は失われたわけではない。
■減数分裂のとき，対となる遺伝子は分かれ
　て別々の生殖細胞に入ることから，丸形の
　純系AAとしわ形の純系aaの子の遺伝子
　の組み合わせは，Aaのみになる。

❶ (1)純系　(2)対立形質
　(3)丸形の種子としわ形の種子が約3：1の割
　　合でできる。
❷ (1)減数分裂　(2)分離の法則　(3)㋐
　(4)㋑Aa　㋒Aa　㋤aa
　(5)㋐丸形　㋑丸形　㋒丸形　㋤しわ形

❶(4)丸形の種子をつくる遺伝子をA，しわ形
　　の種子をつくる遺伝子をaとすると，(3)
　　の種子はAAの親とaaの親からできた
　　子なので，Aaの遺伝子をもつ丸形の種
　　子になる。この種子をまいて自家受粉さ
　　せると，できる種子のもつ遺伝子の割合
　　はAA：Aa：aa＝1：2：1となり，

丸形：しわ形＝(AA＋Aa)：aa＝3：1
となる。
❷(1)生殖細胞がつくられるときの，染色体の
数が半分になる特別な細胞分裂を，減数
分裂という。
(2)減数分裂のとき，対になっている遺伝子
は分かれて別々の細胞に入る。これを分
離の法則といい，生物の遺伝においてと
ても重要な法則である。
(3)生殖細胞(卵細胞・精細胞)の染色体の数
は親の細胞の染色体の数の半分であるが，
受精により2つの生殖細胞の染色体の数
を合わせた数になるので，受精卵の染色
体の数は，親の細胞と等しくなる。
(4)，(5)⑦，⑦はどちらもAaとなり，丸形
の種子になる。

p.42 ぴたトレ1

1 ①顕性形質(優性形質)
②潜性形質(劣性形質)
③丸形　④しわ形　⑤AA(Aa)　⑥Aa(AA)
⑦3　⑧形質　⑨DNA　⑩交配
⑪遺伝子　⑫減数　⑬しわ形

考え方 1 遺伝子の組み合わせと，そのときにできる
種子の数の比はテストで問われやすい。

p.43 ぴたトレ2

❶ (1)⑦aa　⑦184　(2)1：2：1
(3)遺伝子の組み合わせが全てAaになるので，
顕性形質だけが現れる。
❷ (1)AA　(2)⑦
(3)DNA(デオキシリボ核酸)

考え方 ❶(1)⑦潜性形質は遺伝子の組み合わせがaa
となったときに現れる。
⑦553－369＝184
(2)結果の数を見ると，およそ
AA：Aa：aa＝1：2：1となっている。
これより，顕性形質：潜性形質＝3：1と
なっていることがわかる。
(3)AAの親とaaの親による交配なので，
できる子の遺伝子の組み合わせは全て
Aaとなる。したがって，顕性形質だけ
が現れる。

❷(1)問題文よりそれぞれの親は純系である。
したがって，親の丸形の種子の遺伝子の
組み合わせはAAである。
(2)親の丸形の種子の遺伝子の組み合わせは
AA，親のしわ形の種子の遺伝子の組み
合わせはaa。これらの親からできる子
の種子の遺伝子の組み合わせは，全て
Aa。そして，子どうしを交配させてで
きる孫の種子の遺伝子の組み合わせは，
AA，Aa，aaの3種類あり，
AA：Aa：aa＝1：2：1となる。
したがって，Aaという遺伝子の組み合
わせはaaの2倍となるので，
1824×2＝3648〔個〕あるといえる。
なお，孫においては，
丸形の種子：しわ形の種子
＝5472：1824＝3：1
という比になっている。

p.44 ぴたトレ1

1 ①化石　②魚類　③鳥類　④魚類
⑤両生類　⑥ハチュウ類
2 ①進化　②魚類　③肺　④卵生　⑤陸上

考え方 1 セキツイ動物のグループのうち，地球上に
最後に現れたのは鳥類。
2 同じ卵生でも，魚類や両生類の卵には乾燥
から中身を守る殻がない。ハチュウ類や鳥
類の卵には中身を乾燥から守るかたい殻が
ある。

p.45 ぴたトレ2

❶ (1)魚類　(2)ハチュウ類　(3)⑤
❷ (1)Aえら　B肺　C胎生　(2)⑤
(3)進化　(4)水中から陸上

考え方 ❶(1)地球上に最初に現れたセキツイ動物は魚
類である。その後，両生類，ハチュウ類，
ホニュウ類，鳥類が現れたと考えられて
いる。
(2)図を見ると，魚類はおよそ5億年前，両
生類はおよそ4億年前，ハチュウ類はお
よそ3億年前，ホニュウ類はおよそ2億
年前，鳥類はおよそ1億5000万年前に
地球上に現れたことがわかる。

2 (1)水中生活をする動物の多くはえらで呼吸をし，陸上生活をする動物の多くは肺で呼吸をする。

(2)同じ卵生でも，殻がない卵をうむ動物と殻がある卵をうむ動物がいる。殻の有無はその動物の生活場所に関係していて，陸上で生活している動物は殻のある卵をうむ。殻がある卵は乾燥に強い。

---

p.46　ぴたトレ1

1 ①骨　②あし　③魚類　④乾燥
　　⑤陸上　⑥ハチュウ類　⑦つめ　⑧羽毛

2 ①相同器官　②⑦　③⑦
　　④進化　⑤環境

> **考え方**
> **1** 始祖鳥は，口にするどい歯がある点や，尾に長い骨がある点も，現在の鳥類とは異なっているといえる。

---

p.47　ぴたトレ2

1 (1)始祖鳥　(2)⑦
　(3)①△　②△　③◎　④◎　(4)⑦

2 (1)①D　②C　(2)コウモリのつばさ…D
　　クジラのひれ…C　ヒトのうで…A
　(3)同じ器官　(4)相同器官

> **考え方**
> **1** (1)，(2)，(4)始祖鳥は，約1億5000万年前の地層から化石が発見された。鳥類とハチュウ類の両方の特徴をもつことから，鳥類がハチュウ類から進化した証拠であると考えられている。
> (3)前あしのつばさのような形状や，からだをおおっている羽毛は現在の鳥類の特徴である。ハチュウ類の特徴としては，つばさの中ほどにつめがあること，口に歯があることのほかに，骨格をもった長い尾もあげられる。
> **2** (1)，(2)空中を飛ぶのに適しているのは鳥類やコウモリのつばさであり，水中を泳ぐのに適しているのは魚類やクジラのひれである。Bはイヌの前あしで，陸上を歩くのに適している。

---

p.48～49　ぴたトレ3

1 (1)花粉を同じ個体の花のめしべにつけた(受粉させた)。

---

(2)分離の法則　(3)50%

2 (1)⑦
　(2)⑤
　(3)①Bb
　　②右図

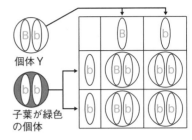

個体Y
子葉が緑色の個体

3 (1)えら　(2)両生類　(3)いえる。
　(4)卵に乾燥を防ぐ殻があること。

4 (1)C　(2)相同器官　(3)それぞれが生息する環境につごうのよいように進化してきた。

> **考え方**
> **1** (3)孫の種子の遺伝子の組み合わせは，およそAA：Aa：aa＝1：2：1となっている。したがって，AAとaaがそれぞれ25%，Aaが50%という割合になる。
> **2** (1)種子の形が丸形の純系の個体のからだの細胞がAAの遺伝子の組み合わせで，その生殖細胞なので，全てAということになる。
> (2)孫の形質と個体数の結果を見ると，草たけ以外の3つの形質はほぼ3：1の割合になっている。草たけについても同じような規則性で遺伝することから，草たけの低い個体の個体数277の約3倍にあたる数を選ぶ。
> 277×3＝831より，800が最も近い数である。
> (3)①，②わかっていることを整理すると，
> ア：実験結果の表より，子葉の色は黄色が顕性形質，緑色が潜性形質である。
> イ：個体Yに交配させたのは，子葉の色が緑色の個体から成長したエンドウ。
> ウ：子には，子葉の色が黄色の個体と，緑色の個体がほぼ同数できた。
> エ：黄色にする遺伝子をB，緑色にする遺伝子をbとする。
> ア，イ，エから，個体Yに交配させた個体の遺伝子の組み合わせはbbである。
> 次に，個体Yをパターンに分けて考えてみる。
> ・個体YがBBの場合
> 純系どうしの交配になるので，子の遺伝子の組み合わせは全てBbとなり，子葉の色も全て顕性形質の黄色となる。これはウに合わない。

・個体YがBbの場合
　交配でできる遺伝子の組み合わせは
　Bb：bb＝1：1になり，子葉の色は
　黄色と緑色が同数になる。これはウに
　合う。
　以上より，個体YはBbである。
❸(3)両生類は，成体になると肺で呼吸ができ
　るようになり，あしも出てきて地上を移
　動できるようになるので，魚類よりも陸
　上生活に合うからだのつくりであるとい
　える。
❹(1)～(3)セキツイ動物の前あしの骨格を比べ
　ると，形やはたらきは異なるが，基本的
　なつくりが似ている。これらは，もとは
　同じ器官であったものが長い間に，それ
　ぞれの生活に合うように変化したためと
　考えられる。

運動とエネルギー

p.50 **ぴたトレ1**

1 ①記録タイマー　②50　③60　④5
　⑤時間　⑥0.1　⑦速く　⑧大きく
　⑨5　⑩6　⑪力学台車（台車）
　⑫記録タイマー　⑬比例

考え方 1 東日本と西日本で1秒間に打点する回数が
　異なるのは，交流の周波数のちがいによる。

p.51 **ぴたトレ2**

❶(1)0.02（$\frac{1}{50}$）秒　(2)㋑
　(3)0.1秒間に移動した距離
❷(1)㋑　(2)0.1秒　(3)ⓐ

考え方 ❶(1)1÷50＝0.02　より，0.02秒に1回打点
　する。
　(2)記録テープをだんだん速く引くと，打点
　の間隔（かんかく）はだんだん大きくなる。
❷(1)おし出す力が大きいと，台車が動く速さ
　は大きくなる。したがって，テープの間
　隔も大きくなる。
　(2)1秒間に50回打点する記録タイマーを
　用いていて，AもBも5打点分なので，

　$1\,\text{s} \times \dfrac{5}{50} = 0.1\,\text{s}$

(3)記録テープは，どちらも打点が等間隔に
　記録されている。したがって，一定の速
　さで台車が運動したことがわかる。この
　ことから，時間が経過しても，速さが一
　定であるグラフになっているものを選ぶ。

p.52 **ぴたトレ1**

1 ①移動距離　②かかった時間　③m／s
　④キロメートル毎時　⑤平均の速さ
　⑥瞬間の速さ　⑦短　⑧等速直線運動
　⑨比例　⑩12　⑪12　⑫9　⑬21
　⑭比例　⑮30

考え方 1 等速直線運動をしている物体の速さと時間
　の関係をグラフで表すと，時間の軸に平行
　な直線のグラフになる。

p.53 **ぴたトレ2**

❶(1)70km／h　(2)富山から金沢
　(3)瞬間の速さ
❷(1)2cm／s　(2)㋑
❸(1)50cm／s　(2)2500cm　(3)㋐

考え方 ❶(1)答えは時速で求めるので，60分で何km
　進むかを考えればよい。したがって，

　$30.3 \div \dfrac{26}{60} = 69.9\cdots$　より70km／h

(2)平均の速さを比べればよいので，1分間
　あたりに進んだ距離（きょり）で比べる。
　高崎から長野は，
　$117.4 \div 39 = 3.0\cdots$〔km／分〕
　富山から金沢は，
　$58.5 \div 18 = 3.2\cdots$〔km／分〕
　これより，平均の速さが速いのは，富山
　から金沢の区間。
❷(2)各区間の1秒間での移動距離（速さ）を求
　める。
　①0～1秒では，2－0＝2で2cm
　②1～2秒では，8－2＝6で6cm
　③2～3秒では，18－8で10cm
　④3～4秒では，30－18で12cm
　①～③では，1秒間での移動距離が一定
　の割合（1秒間に4cm）で大きくなってい
　るが，③と④を比べると，1秒間あたりの
　移動距離は2cmしか大きくなっていな
　い。したがって，㋑であると考えられる。

③(1)グラフより，0.1秒のときの移動距離が
　　5cmなので，5cm÷0.1s＝50cm/s
　(2)50cm/s×50s＝2500cm

1 ①ばねばかり　②下　③位置　④同じ
　⑤大きく　⑥移動距離(移動した距離)
　⑦直線　⑧増加　⑨大きく　⑩向き
　⑪速さ

考え方

1 ばねばかりが示す値は，斜面下向きの力の
大きさであり，台車にはたらいている重力
の大きさではないことに注意。

1 (1)⑦　(2)0.1秒　(3)43cm/s
　(4)⑦大きく　④速く　⑨長く　④大きく
　(5)④

考え方

1 (1)同じ傾きの斜面上では，位置にかかわら
ず，台車にはたらく斜面下向きの力の大
きさは一定である。
　(2)図2で，0.1秒間の移動距離として6打点
ごとに切ったテープがはってあることか
ら，6打点を打つのにかかる時間は0.1秒。
　(3)4.3cm÷0.1s＝43cm/s
　(4)⑦斜面の傾きが大きくなるにしたがって，
台車にはたらく斜面方向下向きの力の大
きさは大きくなる。よって，矢印は長く
なる。
　④台車にはたらく力の大きさが大きくな
るので，台車の速さは速くなる。すると，
単位時間に移動する距離も長くなるので，
グラフの傾きは大きくなる。

1 ①90°　②落下　③自由落下
　④重力　⑤距離　⑥増加

2 ①一定　②減少　③増加
　④一定　⑤逆　⑥減少
　⑦逆　⑧おそく　⑨同じ
　⑩下

考え方

1 自由落下している物体には，一定の大きさ
の力(重力)がはたらき続けるため，速さは
一定の割合で大きくなる。

2 斜面上のどこであっても，台車にはたらく
斜面下向きの力は一定である。

1 (1)自由落下　(2)重力
　(3)147cm/s　(4)34.3cm
　(5)98cm/s　(6)122.5cm

2 (1)はたらいていない。
　(2)25cm/s
　(3)物体の間隔はだんだんせまくなる。
　(4)摩擦力

考え方

1 (3)テープ②の長さは14.7cmなので，0.1
秒間に14.7cm進むから，14.7cm÷0.1s
＝147cm/sの速さである。
　(4)テープの上端を結んだグラフは右上がり
の直線なので，①～⑤のテープの長さは
一定の割合で増えている。①～③では
9.8cmずつ増えているので，④も③から
9.8cm増えて，24.5＋9.8＝34.3，よって，
34.3cmと考えられる。
　(5)各テープの長さは，0.1秒間に落下する
距離を表しているので，テープ①～③から
求められる速さは，49cm/s，147cm/s，
245cm/sとなる。したがって，147－
49＝98などから，おもりの速さは，1秒
ごとに98cm/sずつ速くなっていること
がわかる。
　(6)テープ⑤の長さは，34.3＋9.8＝44.1，
よって，44.1cmであり，0.5秒間に落下
した距離は①～⑤のテープの長さの和で
あるから，4.9＋14.7＋24.5＋34.3＋44.1
＝122.5，よって，122.5cmとなる。

2 (1)0.1秒ごとの物体の間隔は等しいので，
物体は等速直線運動をしているといえる。
　(2)目盛り0のところに物体の左端があり，
同じように物体の左端が目盛り12.5の
ところにくるのに0.5秒かかっているこ
とから，
　12.5cm÷0.5s＝25cm/s

p.58〜59 ぴたトレ3

❶ (1)㋑
(2)右図

5打点ごとのテープの長さ〔cm〕
16.0
14.0
12.0
10.0
8.0
6.0
4.0
2.0
0
A B C D E

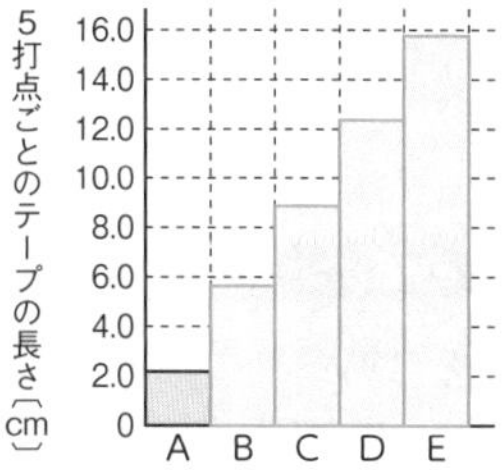

(3)打点が重なって読みとりにくいから。
(4)45.0 cm
(5)90 cm/s

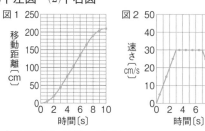

❷ (1)おそくなる。
(2)台車に摩擦力がはたらくため。
(3)①㋓　②㋔
(4)重力

❸ (1)下左図　(2)下右図

図1

移動距離〔cm〕
250
200
150
100
50
0
0 2 4 6 8 10
時間〔s〕

図2

速さ〔cm/s〕
50
40
30
20
10
0
0 2 4 6 8 10
時間〔s〕

(3)①3秒から7秒　②120 cm

❹ (1)0.5秒後　(2)台車が斜面を下る運動
(3)等速直線運動

考え方

❶(1)打点の間隔がだんだん広くなっているので，速さがしだいに増加する運動。
(2)それぞれのテープの区間の長さが示してあるので，テープの下端を横軸にそろえ，各テープの長さに合わせてかく。
(3)最初は台車の動きがまだおそいので，記録タイマーの打点が重なっている。したがって，その部分は使わない。

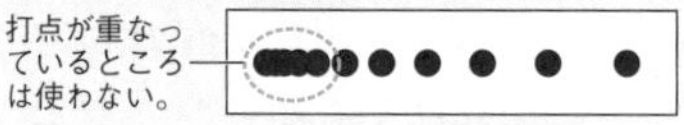

打点が重なっているところは使わない。

(4)A〜Eの各区間のテープの長さを合計する。
したがって，
2.2＋5.6＋9.0＋12.4＋15.8＝45.0，
よって，45.0 cm
(5)1秒間に50回打点する記録タイマーを用いているので，5打点で時間は0.1秒となる。
A〜Eは5打点の区間が5つということになるので，時間は0.1 s×5＝0.5 sかかっている。よって，平均の速さは，
45.0 cm÷0.5 s＝90 cm/s

❷(1)，(2)BC間はざらざらした水平面なので，台車と面との間に摩擦力がはたらく。そのため台車の速さはおそくなる。
(3)①AB間では，台車に斜面下向きの力がはたらき続けるので，速さは一定の割合で増加する。よって，㋓。
②AB間では，台車の速さが一定の割合で増加していくので，手をはなした点からB点までの移動距離は，放物線をえがきながら増え続けるグラフとなる。しかし，B点を過ぎると台車の速さが一定の割合で減少していくので，B点からの移動距離は，放物線をえがきながらだんだん増え方が小さくなる。よって，AB間の変化とBC間の変化を続けて示してある㋔があてはまる。

AB間
距離
0
0
時間
BC間
距離
0
0
時間

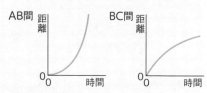

❸(2)表の時間の1秒ごとの移動距離の差がグラフの縦軸の値となる。0秒と1秒の中間の5 cm/sのところや，1秒と2秒の中間の15 cm/sのところというように点を打ち，線で結ぶ。
(3)①3秒から7秒までは，1秒ごとの移動距離が30 cmずつで一定なので，一定の速さで運動していたことになる。
②165 cm－45 cm＝120 cm　あるいは，
30 cm/s×(7－3)s＝120 cm

❹(1)，(3)おもりが床に達すると，台車を引く力ははたらかなくなるので，台車は等速直線運動をする。左から5枚目のテープの上の端の打点と左から6枚目のテープの下の端の打点は同じ打点で，6枚目のテープ以降は長さが同じになっているので，5枚目のテープの上の端の点を打点してから，台車は等速直線運動をしている。
この記録タイマーは5打点が0.1秒にあたるので，0.1 s×5＝0.5 s，したがって，0.5秒後におもりが床に達したことになる。

1 ①*F* ②*O* ③同じ ④合力
⑤力の合成 ⑥合力 ⑦平行四辺形

2 ①和 ②差 ③平行 ④平行 ⑤対角線

考え方
1 力*A*と力*B*の合力と，力*O*の合力は0となる。

2 2力が一直線上で，向きが逆のときの合力の向きは，大きい方の力の向きになる。

1 (1)垂直抗力 (2)① 1 ②向き ③大きさ
④つり合って (3)①摩擦力
②向き…右から左 大きさ…30N

2 (1)下図(作図に使った線は省略)

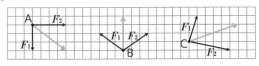

(2)平行四辺形 (3)C，A，B
(4)①

考え方
1 (1)，(2)矢印*P*が表している力は，床が物体をおす力で垂直抗力といい，重力とつり合っている。なお，力*W*と力*P*の矢印は，見やすくするためにずらしてかかれている。
(3)物体をおす力と反対向きに，おす力と同じ大きさの摩擦力がはたらいていて，その2力がつり合っているために物体が動かなかった。

2 (1)*F₁*，*F₂*の矢印を2辺とする平行四辺形をかき，それぞれ点A，B，Cから対角線をかくと，その対角線が合力となる。
(2)2力を表す矢印を2辺とする平行四辺形の対角線が，2力の合力となる。
(3)合力の矢印の長さを比べる。
(4)2力が一直線上になく，2力の大きさがそれぞれ変わらない場合，2力の間の角度が大きくなるほど，合力は小さくなる。

1 ①分力 ②力の分解 ③平行 ④平行
⑤平行四辺形

2 ①重力 ②垂直 ③垂直抗力
④大きくなる ⑤同じ

考え方
1 力の分解でも，力の合成と同様に平行四辺形を用いる。

2 斜面の傾きが大きくなっても，物体にはたらく重力の大きさは変わらない。

1 (1)①
(2)右図

2 (1)5 N
(2)①①
②⑦
(3)2.5 N

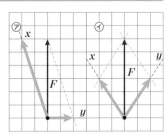

考え方
1 (1)⑦と⑨の合力を正しく作図すると，右の図に示すことができる。

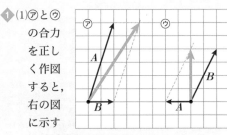

(2)力*F*の矢印の先端から分解する方向にそれぞれ平行な線を引き，分解する方向との交点を先端とする矢印を力*F*の始点から引く。

2 (1)$1 \times \dfrac{500}{100} = 5 (\text{N})$である。

(2)①*F*は物体を斜面に沿って下方に動かそうとする力である。この動きを妨げるのは，物体と斜面の間にはたらく摩擦力である。
②物体は，斜面に垂直で上向きに垂直抗力を受けていて，これが*T*とつり合う。

(3)1つの角が30°の直角三角形の辺の長さの関係を参考にすると，重力：*F* = 2：1であるから，*F*の大きさは，$5 \times \dfrac{1}{2} = 2.5 (\text{N})$である。

1 ①進行 ②はたらかない ③等速直線
④慣性の法則 ⑤慣性

2 ①逆 ②同時 ③同じ ④反作用
⑤作用・反作用の法則 ⑥一直線

1 電車の中で垂直にジャンプしてもほぼ同じ位置に着地するのは，慣性によって自分も電車と同じ向きに同じ速さで動いているため。

2 作用・反作用の2力は，おした物体とおされた物体のそれぞれにはたらく。

p.65 ぴたトレ**2**

◆ (1)①⑦　②⑦　③⑦　　(2)慣性
(3)慣性の法則により，発車や停車のときに動いてしまうから。

◆ (1)かべがAさんをおす力
(2)作用・反作用の法則　(3)⑦
(4)左へ動いていった。　(5)ちがう。

考え方

◆ (1)①おもりはその場に静止し続けようとするため，電車が進行方向に加速すれば，後方(進行方向と逆向き)にふれることになる。
②おもりは電車といっしょに等速直線運動をしているため，まっすぐつり下がった状態のまま変わらない。
③おもりは等速直線運動を続けようとするため，電車が急停止すれば，前方(進行方向と同じ向き)にふれることになる。
(2)物体は慣性という性質をもつ。
(3)慣性の法則にしたがって電車の速さが変わると動いてしまい，危険なこともあるため，スーツケースをおさえておく必要がある。

◆ (1)～(3)PとQは，2つの物体(Aさんとかべ)の間ではたらき合う力で，向きが逆で，同じ大きさの力である。このような力の関係を作用・反作用の関係という。
(4)作用・反作用の関係で，おしたAさんもBさんが動いた向きと逆向きに動く。はたらく力の大きさは同じなので，動く距離も同じになる。
(5)Aさんにはたらく重力と垂直抗力は，1つの物体(Aさん)にはたらく2力のつり合いであるから，2つの物体の間ではたらく作用・反作用の関係とはちがう。

p.66 ぴたトレ**1**

1 ①水圧　②重力　③大きく　④同じ
⑤あらゆる　⑥上　⑦下　⑧大きく　⑨上

2 ①小さく　②しない　③浮力　④合力
⑤差　⑥つり合っている　⑦小さい
⑧大きく

考え方

1 水圧の大きさは，水の深さが深くなるほど大きくなるが，浮力の大きさは水の深さに関係ないことに注意する。

2 浮力の大きさは，物体の水中にある部分の体積と同じ体積の水にはたらく重力の大きさと等しい。

p.67 ぴたトレ**2**

◆ (1)⑦　(2)⑦

◆ (1)①0.3 N　②0.9 N　(2)⑦

考え方

◆ (1)水圧は，水中にある物体のあらゆる面に対して垂直にはたらき，深さが深くなるほど大きくなる。例えば，球形の物体には，図のようにはたらく。

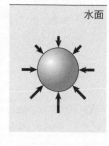
水面

◆ (1)空気中ではかったばねばかりの値と水中ではかったばねばかりの値の差が浮力の大きさである。
浮力＝物体の重さ－水中での見かけの重さ
①1.2 N－0.9 N＝0.3 N
②浮力の大きさは，物体の水中にある部分の体積によって決まる。
→物体が全て水中に入ると，深さが変わっても，浮力の大きさは変わらない。
→容器の底から物体の下面までの距離が4 cmのときと2 cmのときは，ばねばかりの示す値が変わらない(浮力の大きさが変わらない)から，物体が全て水中に入っている。
1.2 N－0.3 N＝0.9 N
(2)浮力の大きさは，水の深さによって変わらない。これは，水の深さが深くなって，物体が受ける水圧が大きくなっても，上面が受ける水圧と下面が受ける水圧の差が変わらないためである。

❶ (1)① E　② A　③ D

(2)① C　② D

(3) A と B，C と D

❷ (1)右図

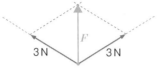

(2)合力

(3)300 g

(4)⑦

(5)2人の距離はできるだけ近くする（ひもの間の角度を小さくする）。

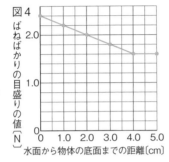

❸ (1)① 2.4(N)

　　② 0.8(N)

(2)右図

(3)3.6(N)

❶(1)①おもりにはたらく重力なので，おもりの中心から下向きの矢印を選ぶ。

②天井とばねが接している点から上向きの矢印を選ぶ。

③ばねとおもりが接している点から下向きの矢印を選ぶ。

(2)つり合う力は，1つの物体に一直線上ではたらく，向きが逆で大きさが同じ2力である。

①地球がおもりを引く力 E は，ばねがおもりを引く力 C とつり合っている。

②天井がばねを支える力 A は，おもりがばねを引く力 D とつり合っている。

(3)作用と反作用は，大きさが同じで逆向きの力であるが，2つの物体のそれぞれにはたらく力である。したがって，A と B の力の組み合わせと，C と D の力の組み合わせがあてはまる。

❷(1)，(2)2つの3Nの力を2辺とする平行四辺形をかき，2力がはたらく作用点から引いた対角線が合力（力 F ）となる。

(3)(1)の対角線で分けられる2つの三角形は正三角形となるので，対角線（力 F ）の長さも3Nの矢印と同じ長さとなる。

(4)右図のように3 Nの力を分解すると，その分力を表す矢印は3 Nの力を表す矢印よりも短くなる。したがって，ばねばかりの示す値は3 Nより小さくなる。

3N
45° 45°
0
3Nの矢印より短い。

(5)(4)より，分力である2力の間の角度が小さくなると，それぞれの力の大きさは小さくなることがわかる。したがって，2人はできるだけ近づくように立って荷物を運ぶとよい。

❸(1)①重力は空気中と変わらない。

②2.4 N－1.6 N＝0.8 N

(2)直方体の高さが4.0 cmであるから，水面から物体の底面までの距離が4.0 cmをこえると，浮力の大きさは変わらない。

(3)下の物体は全部水中で，上の物体は2.0 cmが水中である。

1.6 N＋2.0 N＝3.6 N

1 ①運動　②エネルギー　③いる

④いる　⑤光

2 ①衝突　②速さ　③速さ　④多く

⑤運動エネルギー　⑥大きい　⑦速い

1 化学かいろは鉄が酸素と結びつくときに出る熱を利用している。→エネルギーをもっている。

2 運動エネルギーの大きさは，物体の速さが速いほど大きくなるが，速さに比例しているわけではないことに注意する。

❶ (1)①運動　②いえる

(2)①電気エネルギー　②化学エネルギー

③熱エネルギー　④光エネルギー

❷ (1)運動エネルギー　(2)①⑦　②⑦　(3)⑦

考え方

① (1)運動している物体は，ほかの物体に衝突すると，その物体の形を変えたり，運動の状態を変えたりすることができるので，エネルギーをもっているといえる。

② (1)小球に力を加えて運動させているので，小球は運動エネルギーをもつようになる。

(2)図2，図3のグラフから，小球の速さが速くなったときも，小球の質量が大きくなったときも，木片の移動距離は大きくなっているので，①，②とも「大きくなる。」を選ぶ。

(3)図2では小球の速さが2倍になったとき，木片の移動距離は2倍より大きくなっているのに対して，図3では小球の質量が2倍になったとき，木片の移動距離は2倍である。

---

p.72 　　ぴたトレ**1**

1 ①重力　②位置エネルギー
③高い　④大きい　⑤⑦
⑥⑤

2 ①位置　②運動　③位置
④運動　⑤位置　⑥力学的
⑦力学的エネルギーの保存
⑧運動　⑨位置　⑩運動

考え方

1 図では，くいのささった深さで位置エネルギーの大きさを比べている。

2 ふりこでは，最下点であるＥで位置エネルギーが最小に，運動エネルギーが最大になる。

---

p.73 　　ぴたトレ**2**

① (1)位置エネルギー
(2)2倍　(3)3倍
(4)(物体の)高さ・(物体の)質量

② (1)Ａ，Ｅ　(2)Ｃ
(3)位置エネルギーが運動エネルギーに移り変わっている。
(4)力学的エネルギー
(5)常に一定に保たれている。
(6)力学的エネルギーの保存

---

① (2)小球の質量を変えずに，高さだけ変えた実験の結果を示した図2から読みとる。グラフから，小球の高さと木片の移動距離は比例関係にあることがわかるので，小球の高さを2倍にすると，木片の移動距離も2倍になる。

(3)小球の高さを変えずに，質量だけ変えた実験の結果を示した図3から読みとる。グラフから，小球の質量と木片の移動距離は比例関係にあることがわかるので，小球の質量を3倍にすると，木片の移動距離も3倍になる。

(4)図2，図3の実験の結果から，物体のもつ位置エネルギーは，物体の高さと質量によって決まることがわかる。

② (1)おもりの高さが最も高い，ふりこ運動の両端のＡとＥで位置エネルギーは最大となる。

(2)運動エネルギーは，物体の速さが速いほど大きい。最も低いＣで，速さは最も速い。

(3)位置エネルギーは減少し，運動エネルギーは増加している。

(4)～(6)運動エネルギーと位置エネルギーを合わせた総量を「力学的エネルギー」といい，運動している物体では，位置エネルギーと運動エネルギーがたがいに移り変わることがあっても，その総量は常に一定に保たれている。このことを「力学的エネルギーの保存」という。

---

p.74 　　ぴたトレ**1**

1 ①仕事　②ジュール　③力　④距離
⑤位置　⑥摩擦　⑦高い　⑧大きい
⑨ない　⑩力学的(運動，位置)　⑪仕事

2 ①2　②0.20　③0.4　④2　⑤0.20
⑥0.4　⑦1　⑧0.40　⑨0.4
⑩仕事の原理　⑪仕事率　⑫ワット
⑬時間

考え方

1 熱量は熱がした仕事の量，電力量は電流がした仕事の量なので，単位はそれぞれジュールを用いる。

2 仕事率は，単位時間あたりにした仕事の量なので，仕事率が大きいほど効率がよいといえる。

❶ (1)右図

(2)①位置(高さ)

　②質量

(3)30 cm

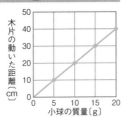

木片の動いた距離〔cm〕 / 小球の質量〔g〕

❷ (1)①ⓐ150 N　ⓑ150 N　ⓒ150 N

　②4 m　③600 J

(2)①150 N　②600 J

考え方

❶ (1)図2から小球の高さが8 cmのときの，各質量での木片の動いた距離を読みとる。その値を使ってグラフをかく。

(2)木片がされた仕事の大きさは，小球の位置エネルギーに比例する。

(3)図2より，質量10 gの小球を8 cmの高さから転がすと，木片は20 cm動くとわかる。12 cmの高さから転がしたときの動いた距離を x として，比例式を考えて求める。

$8 : 12 = 20 : x$ ，　$x = 30$ cm

❷ (1)質量30 kgの物体の重力の大きさは300 Nで，その物体をロープⓐ，ⓑで引くことになるので，それぞれ150 Nになる。Aの定滑車は力の向きが変わるだけなので，ロープⓒもロープⓑと同じ150 Nの力で引いている。そして，Bの動滑車が使われているので，ロープを引く長さは2 mの2倍になる。仕事の大きさは，300 N×2 m，あるいは150 N×4 mで求める。

(2)斜面を使っても，300 Nの物体を2 m引き上げる仕事をすることと同じなので，ロープを引く力を x とすると，

$x × 4 = 300 × 2$ 　という式が成り立ち，

$x = 150$〔N〕

① ①電気　②光　③力学的(運動)

④電気　⑤化学　⑥熱　⑦核

② ①5　②1　③5　④1.0　⑤0.15

⑥8.0　⑦1.2　⑧24　⑨運動

⑩エネルギーの保存　⑪伝導

⑫対流　⑬放射

考え方

❶ 電気エネルギーは，ほかのエネルギーに変換しやすいほかに，送電線を使うことで遠方まで送ることができるという利点がある。

❷ 熱エネルギーは，エネルギーの変換の過程で発生しやすい。

❶ (1)回転し始める。　(2)⑦

❷ (1)10 J　(2)3.6 J　(3)⑦

(4)熱エネルギー(音エネルギー)

❸ (1)放射　(2)対流

考え方

❶ (1)，(2)光電池は，直接光エネルギーを電気エネルギーに変換する。そして，電気エネルギーはモーターで運動エネルギーに変換される。

❷ (1)5 N×2 m＝10 J

(2)3 V×0.12 A×10 s＝3.6 J

(3)(2)で求めた値が，(1)で求めた値の何％かを計算する。3.6÷10×100＝36，よって，36 ％

(4)位置エネルギーが電気エネルギーに移り変わる過程で，その一部が，摩擦などによって熱や音などのエネルギーに変換され，失われている。そのため効率が100 ％にならない。

❸ (1)，(2)伝導は物質が移動せずに熱が伝わる，対流は物質が移動して全体に熱が伝わる，放射は熱源から空間をへだててはなれたところまで熱が伝わることを理解しておこう。

❶ (1)①150 N　②2 m　③300 J

(2)①3 cm　②4 N

　③0.36 J　④0.18 W

❷ (1)2つの力の大きさは等しい。

(2)右図　(3)0.33 J

(4)0.18 J　(5)1.8 倍

木片　引く力

❸ (1)60 J

(2)5.0 W(5 W)

❹ (1)速く回す。　(2)2回目

(3)運動エネルギー→電気エネルギー→運動エネルギー

(4)手回し発電機A，Bを回すときの摩擦によって，運動エネルギーの一部が熱エネルギー（音エネルギー）に変換されて放出されたから。

(5)エネルギーの保存

❶(1)①物体にはたらく重力の大きさは600 N。

動滑車を1個使うと引く力は$\frac{1}{2}$倍になり，動滑車2個を使って引き上げることになるので，P点を引く力は，

$600×\frac{1}{4}=150$，よって，150 N

②動滑車を1個使うとひもを引く長さは2倍になり，動滑車2個を使って引き上げることになるので，50 cm引き上げるには，

50 cm×4＝200 cm引く必要がある。

③手がする仕事の大きさは，

150 N×2 m＝300 J

(2)①AC：BC＝1：3の長さの割合なので，B点を9 cmおし下げるとA点は3 cm上がる。

②おもりにはたらく重力の大きさは12 Nなので，

$12 N×\frac{1}{3}=4 N$の力を加えればよい。

③12 N×0.03 m＝0.36 J

④0.36 J÷2 s＝0.18 W

❷(1)木片は等速直線運動をしているので，2つの力はつり合っている。

(2)引く力と同じ長さで逆向きの矢印を，木片の下辺の中央からかく。

(3)布の上ではばねばかりは1.10 Nを示していたので，

1.10 N×0.30 m＝0.33 J

(4)模造紙の上ではばねばかりは0.60 Nを示していたので，

0.60 N×0.30 m＝0.18 J

(5)0.33÷0.18＝1.83… より，小数第2位を四捨五入して，1.8倍。

❸(1)重力に逆らってする仕事ということになる。

20 N×3.0 m＝60 J

(2)仕事の原理から，仕事の大きさは(1)と同じ60 Jである。

仕事に要した時間は12秒だから，仕事率は，

60 J÷12 s＝5.0 W

❹(1)手回し発電機は，ハンドルを回すことによる運動エネルギーを電気エネルギーに変換する道具であるから，同じ時間で発電する電気エネルギーを多くしたいなら，より多くの運動エネルギーが必要である。したがって，ハンドルを速く回すとよい。

(2)手回し発電機Aを同じ回数回したとき，手回し発電機Bのハンドルが最も多く回ったものが，いちばん発電効率がよかったことになる。

(3)(手回し発電機A)運動エネルギー→電気エネルギー→運動エネルギー(手回し発電機B)というエネルギーの移り変わりが生じている。なお，このときの手回し発電機Bは，モーターのはたらきをしていることになる。

(4)手回し発電機のハンドルを回すと内部でギアなどが回るときに，摩擦による音や熱などが発生する。また，導線を電流が流れるときも熱が発生している。発生した音エネルギーや熱エネルギーは，外部に放出されて失われたままになる。このことが原因で，手回し発電機Aの運動エネルギーのすべてが手回し発電機の電気エネルギーに変換されるわけではないので，手回し発電機のハンドルが回る回数が少なくなる。

(5)音や熱のエネルギーになって失われるエネルギーまでふくめて考えた場合，エネルギー変換の前後で，エネルギーの総量は一定に保たれている。このことをエネルギーの保存という。エネルギーはさまざまに姿を変えるけれども，その総量は一定である。

地球と宇宙

ぴたトレ**1**

1 ①恒星　②反射　③クレーター　④球
2 ①対物　②接眼　③ふた　④黒点　⑤像
　　⑥近づけ　⑦西　⑧自転　⑨球
　　⑩ファインダー　⑪太陽投影板
　　⑫遮光板

考え方
1 月も太陽も球形をしている。
2 望遠鏡で見える像は，通常，上下左右が逆
　になっていることに注意する。

ぴたトレ**2**

1 (1)クレーター　(2)ⓒ　(3)①恒星
　　②太陽の光を反射しているから。
2 (1)A…ファインダー　B…接眼レンズ
　　C…太陽投影板
　　(2)黒点　(3)小さくなる。
　　(4)⑦自転　⑦球形

考え方
1 (1)月の表面に無数に見られるクレーターは，
　いん石などが衝突してできたと考えられ
　ている。
　(2)月は球体であるため，中央付近では円形
　に近い形のクレーターが見られるが，端
　に行くほどだ円形に見える。
　(3)月は太陽の光を反射してかがやいて見え
　る。そのため，太陽と月の位置関係が変
　わると見え方が変化する。
2 (2)太陽の表面に見られる黒い斑点を黒点と
　いう。
　(4)太陽は地球から見て時計回りに自転して
　いる。天体望遠鏡では通常上下左右が逆
　向きに見えるため，地球から見て反時計
　回りに自転しているように見える。その
　ため，天体望遠鏡で同じ黒点を継続して
　観察すると，だんだん東から西へと移動
　して見える。

ぴたトレ**1**

1 ①水素　②気　③大き　④コロナ
　　⑤プロミネンス　⑥1600万　⑦6000
　　⑧4000　⑨熱　⑩増加　⑪減少
　　⑫プロミネンス　⑬コロナ　⑭黒点

考え方
1 太陽は高温の気体でできた巨大な球体であ
　る。表面の温度や黒点の温度はテストで問
　われやすい。

ぴたトレ**2**

1 (1)コロナ　(2)プロミネンス　(3)黒点
　(4)太陽の表面の温度…⑦　Cの温度…⑦
　(5)ⓒ　(6)⑦　(7)地球　(8)⑦

考え方
1 (2)プロミネンスは紅炎ともよばれる。
　(4)太陽の表面温度は約6000℃，黒点の温
　度は約4000℃である。黒点が黒い斑点
　に見えるのは，周辺よりも温度が低いた
　めである。
　(5)太陽は非常に高温のため，物質はすべて
　気体となっている。
　(7)太陽の主な成分である水素はすべての物
　質中で最も密度が小さい。
　(8)太陽の黒点の数は一定ではなく，太陽の
　活動のようすによって増減する。太陽の
　活動が活発になると黒点は増加し，おだ
　やかになると減少する。

ぴたトレ**1**

1 ①天球　②天頂　③子午線　④高度
　　⑤天頂　⑥子午線
2 ①円　②中心　③一定　④南中
　　⑤南中高度　⑥地軸　⑦西　⑧東
　　⑨自転　⑩日周運動　⑪緯
　　⑫南中時刻　⑬南中高度

考え方
1 天球は球面であるが，地上からは地平線よ
　りも上の部分しか見えない。
2 南半球では，太陽は北の空で最も高くなる。

ぴたトレ**2**

1 (1)天球　(2)天頂　(3)高度
2 (1)A　(2)ⓑ　(3)D　(4)南中　(5)②　(6)④

考え方
1 (3)天体の位置は，方位角と高度で表す。天
　文学における方位角は，北を0°として時
　計回りに目標点までの角度をはかる。

② (1)サインペンの先のかげは，円の中心（観
測者のいる位置）にくるようにして印を
つける。

(2), (3)日本では，太陽は東から出て南の空
を通り，西にしずむように動いて見える。
したがって，⑦の方向が南になるので，
⑦が東で㋐が西である。

(4)太陽が子午線上にくることを南中といい，
そのときの時刻が正午である。

(5)南中高度は，南中したときの太陽の位置
（Ｘ）と観測者のいる位置（Ａ）と南の方向
（⑦）を結んでできる角度である。

---

p.86 ぴたトレ1

1 ①北極点 ②⑦ ③⑦ ④南中
⑤午前6（6） ⑥午後6（18）
⑦午前0（24）

2 ①北極星 ②反時計 ③東 ④西
⑤右 ⑥自転

考え方

1 地球上のどの地点でも，北は北極点の方向
である。

2 地球は北極点から見て反時計回りに西から
東へ自転しているため，星は東から西へ回
転するように見える。

---

p.87 ぴたトレ2

① (1)① (2)③
(3)真夜中の地点⑦ 日の出の地点⑦
(4)⑦ (5)①

② (1)⑦東 ⑦南 ⑦西 ㋑北
(2)⑦ⓐ ⑦ⓒ ⑦ⓔ ㋑ⓗ
(3)北極星
(4)地球が1日に1回自転しているから。

考え方

① (1)北極点から見ると，地球は地軸を中心に
反時計回りに自転している。

(2), (3)太陽の光を正面から受けている㋑の
地点が昼（正午ごろ），地球の自転が反時
計回りなので，⑦は日の入りごろ（夕方），
⑦は太陽の光が当たっていない夜（真夜
中），⑦は日の出ごろ（明け方）となる。

(4)地球は1日（24時間）で1回自転するので，
6時間後には$\frac{1}{4}$周している。

---

② (1)⑦は右上がりになった線なので，東の空
とわかる。

(2)東の空は右ななめ上に，南の空は東から
西へ（左から右へ），西の空は右ななめ下
に，北の空は反時計回りに動くように見
える。

(3)北極星は天の北極付近にある。

(4)星の日周運動は，地球の自転による見か
けの動きである。

---

p.88～89 ぴたトレ3

① (1)直接太陽を見ないこと。
(2)東から西
(3)太陽が自転しているから。
(4)太陽の活動が活発になると黒点の数は増加
する。（太陽の活動がおだやかになると数
は減少する。）

② (1)⑦と㋑ (2)南中 (3)一定である。
(4)午前6時30分ごろ

③ (1)①㋑ ②⑦ ③⑦ ④⑦
(2)（太陽は，）東から出て，西にしずむ。

④ (1)北 (2)⑦ (3)④ (4)天の北極

⑤ (1)天頂 (2)⑦ (3)⑦

考え方

① (1)目をいためるおそれがあるので，絶対に
望遠鏡で直接太陽を見てはいけない。

(2), (3)太陽の自転により，黒点は太陽の表
面を東から西に動いている。

② (1)太陽の通り道は南寄りに傾いているので，
⑦が南となる。したがって，⑦と㋑を結
んだ線が南北方向となる。

(4)ＢＣの6cmを2時間で動いているので，
1時間では3cm動く。したがって，
16.5cmを動くのにかかる時間は，
16.5÷3＝5.5〔時間〕
よって，Ｄの正午から5.5時間（5時間
30分）前の6時30分ごろに日の出だっ
たことになる。

③ (1)春分の日は天の赤道上に太陽がある。し
たがって，太陽が天頂を通る⑦が赤道付
近，太陽が地平線上を回るように見える
㋑が北極付近である。また，南半球では
⑦のように，太陽は北の空を通る。

(2)北半球，赤道付近，南半球のいずれでも，
太陽は東から出て，西にしずむ。

④(1)図のカシオペヤ座は北の空に見られる星座。

(2),(3)北の空の星は，時間とともに反時計回りに動いて見えるので，⑦から⑦へ移動したことになる。また，約24時間でもとの位置にもどる。

(4)Xは天球の回転の軸（地軸の延長方向）にあるので，ほとんど動かないように見える。

⑤(1),(2)観測者の真上の天頂に最も近いAが，南中高度が最も大きい。

(3)地平線より上の太陽の経路は昼の長さを表すので，Aが最も昼が長い。したがって，日の出が最も早く，日の入りが最もおそい。

p.90 ぴたトレ1

① ①冬　②オリオン　③東　④西
　⑤反対　⑥公転　⑦オリオン　⑧東
　⑨西　⑩30

② ①1　②公転　③1　④東　⑤西
　⑥年周運動　⑦黄道　⑧黄道
　⑨地軸　⑩公転

考え方
① 地球は1年に1回太陽のまわりを公転する。つまり，1年で360°移動するので，年周運動による天体の見かけの動きは，1日で約1°移動する。

② 黄道と天の赤道の傾きの角度は23.4°である。

p.91 ぴたトレ2

① (1)オリオン座　(2)①　(3)⑦　(4)公転

② (1)⑦　(2)いて座　(3)いて座　(4)黄道
　(5)年周運動　(6)西から東

考え方
① (1)オリオン座は，1等星のベテルギウスとリゲルをふくむ，冬を代表する星座である。

(2)同じ時刻では，星座は1か月に30°東から西に動くように見える。Xは，図の位置より15°東側なので，半月前の位置となる。

(3)2か月後は，30×2=60〔°〕西に見える。

(4)同じ時刻に見える星座が変わっていくのは，地球が太陽のまわりを1年かけて1周しているためである。

②(1)太陽と同じ方向にある星座は，太陽が明るすぎるため，地球からは見ることができない。

(2)地球が夏の場合，真夜中に南中する星座は，黄道上の冬の太陽の位置にある星座である。

(3)地球が夏の場合，秋の太陽の方向が南の方向となるときが日の入りである。そのとき太陽は西に見え，太陽と逆方向の星座が東の空に見える。

(4)〜(6)太陽は，星座の間を西から東へ移動しているように見え，1年たつと同じ場所にもどる。これは太陽の年周運動で，天球上の太陽の通り道を黄道という。

p.92 ぴたトレ1

① ①公転　②23.4　③夏至　④冬至
　⑤北　⑥南　⑦真東　⑧真西
　⑨長　⑩短　⑪同じ　⑫地軸
　⑬あたためられ方　⑭冬至　⑮夏至
　⑯秋分　⑰夏至　⑱冬至

② ①長　②高

考え方
① 夏至の日は，緯度が高い地域ほど昼が長い。

② 夏至のころは南中高度が高く，太陽が出ている時間が長いため，気温が高くなる。

p.93 ぴたトレ2

① (1)A　(2)①地軸　②公転
　(3)記号…Y
　理由…太陽が真東から出て真西にしずんでいるから。

② (1)ⓐ　(2)D　(3)A

③ (1)①　(2)昼の長さ

考え方
①(1)日本における太陽の通り道を示した図なので，太陽が通っているCの方位が南である。よって，北はA。

(2)もし，地軸が傾いていなければ，ある地点の太陽の通り道は1年中同じになる。

②(1)北極側のはるか上空から地球の公転を見るとすると，公転の向きは反時計回りである。

(2),(3)Aは北半球の太陽の南中高度が高くなり，昼が最も長くなる夏至の時期である。春はその前なのでDとなる。

③ (1)冬至の日は太陽の南中高度が最も低くなる。ふつう，12月22日前後である。

(2)太陽の南中高度が高いほど，太陽が出ている時間は長くなり，太陽の南中高度が低いほど，太陽が出ている時間は短くなる。太陽が出ている時間が長いほど，気温は高くなる。

p.94〜95　ぴたトレ3

❶ (1)② (2)⑦ (3)自転 (4)㋓ (5)6か月後

❷ (1)㋓ (2)黄道 (3)しし座 (4)しし座
(5)さそり座 (6)③

❸ (1)D (2)78.4°
(3)右図
(4)星座…いて座　方位…西

❹ (1)② (2)最も多くなる。
(3)ⓐ

考え方

❶ (1)オリオン座は，冬の夜中に南中する星座なのでBが南。したがって，Aが東，Cが西。

(2)，(3)星は1時間に15°ずつ東から西へ動くように見えるので，4時間前には⑦の位置から15×4＝60〔°〕東へもどった⑦の位置に見えたことになる。このような，天体の1日の見かけの動きは，地球の自転による。

(4)同じ時刻の星座の位置は，1か月後には30°西へ移動している。

(5)この日の午前11時のオリオン座の位置は，⑦と180°反対の地平線の下となる。これが，同じ午前11時に180°移動した位置に見えるためには180÷30＝6〔か月〕かかる。

❷ (1)地軸の南極側が太陽の方向に傾いている場合，南半球が夏となる。

(2)黄道は天の赤道に対して23.4°傾いている。

(3)太陽の方向と反対側にある星座。

(4)⑦の位置で夕方の地点では，しし座の方向が南になる。

(5)太陽と同じ方向にある星座は見えない。

(6)太陽と同じ方向にある星座を順にたどっていく。

③ (1)図で北半球が冬なのはDである。

(2)夏至の日の南中高度＝90°－(緯度－23.4°)
＝90°－(35°－23.4°)＝78.4°
と求められる。

(3)昼の位置として引く線は，地軸と垂直になるようにする。

(4)Bの位置では，太陽と反対方向にあるいて座が真夜中に南中する。3か月後のCの位置で真夜中にうお座の方向に向いて立つと，いて座は右の方向，つまり西の空に見える。

❹ (1)夏至の日は，日の出と日の入りの位置が，東西を結ぶ線より最も北寄りになる。

(2)日本で太陽の光を受ける量は，夏に多く，冬に少なくなる。

(3)⑦の夏至から9か月後は，春分となる。

p.96　ぴたトレ1

1 ①球 ②反射 ③西 ④東 ⑤反時計
⑥衛星 ⑦1 ⑧新月 ⑨満月
⑩下弦の月

2 ①月 ②太陽 ③日食 ④月 ⑤地球
⑥新 ⑦月 ⑧地球 ⑨月食 ⑩地球
⑪月 ⑫満 ⑬日食 ⑭月食

考え方

1 上弦の月と下弦の月をまちがえないように注意。これらは地球から見たときの形である。

2 日食…太陽－月－地球の順
月食…太陽－地球－月の順

p.97　ぴたトレ2

❶ (1)衛星 (2)㋓ (3)㋑
(4)㋑ (5)② (6)右図

❷ (1)日食 (2)㋓
(3)皆既日食 (4)月食
(5)地球

考え方

❶ (1)木星や土星は数十個の衛星をもつが，地球の衛星は月だけである。

(2)㋓は，月が太陽の光を受けている面を地球から見ることができない。

(3)太陽の光がくる方向と反対側にある㋑の月が真夜中に南中する。

理科　25

(4)問題文は，太陽と月が反対方向であることを意味しているから⑦の月である。

(5)月の日周運動は，地球が西から東へ自転しているために起こる見かけの動きである。

(6)⑦の月は下弦の月として見える。南中しているときには左半分が光って見える。

②(1)〜(3)太陽が月にかくされる現象を日食といい，完全にかくされるときを皆既日食，太陽のふちがリング状に見える日食を金環日食という。日食は，太陽－月－地球の順に並ぶときに起こるので，日食が起こる日の月の見え方は新月である（見えない）。

(4)，(5)月が地球のかげに入る現象を月食といい，太陽－地球－月の順に並ぶときに起こるので，月は満月として見える。月食のときの地球のかげによる欠け方と，月の満ち欠けによる欠け方は見え方が異なる。

---

p.98　ぴたトレ1

1 ①太陽　②惑星　③右（西）　④明け　⑤東　⑥左（東）　⑦夕　⑧西　⑨よい　⑩小さ　⑪大き　⑫小さ　⑬大き　⑭内惑星　⑮外惑星　⑯明け　⑰見えない　⑱よい

考え方 1 内惑星は地球をはさんで太陽の反対側にこないので，真夜中に見ることはできない。また，外惑星はほとんど満ち欠けしない。

---

p.99　ぴたトレ2

1 (1)惑星　(2)ⓐ　(3)④　(4)②　(5)⑦，⑦
(6)金星の公転軌道が地球の公転軌道より内側にあるから。

2 (1)西　(2)C　(3)⑤

考え方 1 (2)北極側から見た場合，どの惑星も反時計回りに公転している。
(3)④・⑦・⑤は夕方の西の空に，よいの明星として見える。
(4)地球との距離が近いほど，金星の見かけの大きさは大きく見え，欠け方も大きくなる。
(5)金星が太陽と重なる方向になるときは，金星は見ることができない。

---

(6)真夜中に見えるためには，金星が地球をはさんで太陽の反対側にくる必要があるが，金星は内惑星なので，そのような位置にこない。

②(1)夕方に見える金星は，西の空に見える。
(2)西の空では，惑星も右ななめ下に沈んでいく。
(3)よいの明星として見える金星は，地球との距離がだんだんと近づいてくる。したがって，見かけの大きさも欠け方も大きくなる。

---

p.100　ぴたトレ1

1 ①太陽系　②水　③火　④土　⑤公転　⑥長　⑦地球　⑧木星　⑨金　⑩天王　⑪木　⑫岩石　⑬高　⑭衛星　⑮気　⑯衛星　⑰火　⑱近づく　⑲太陽系外縁天体　⑳地球型惑星　㉑木星型惑星　㉒金星　㉓火星　㉔木星　㉕土星

考え方 1 太陽に近い公転軌道を公転している地球型惑星は，木星型惑星と比べると小型で密度が大きい。

---

p.101　ぴたトレ2

1 (1)A水星　B金星　C火星　D木星　E土星　F天王星　G海王星
(2)太陽系　(3)A　(4)④　(5)D　(6)⑤
(7)木星型惑星　(8)⑦　(9)小惑星
(10)すい星　(11)太陽系外縁天体

考え方 1 (1)太陽系の惑星は，太陽から近い順に，水星A，金星B，（地球），火星C，木星D，土星E，天王星F，海王星Gの8つである。
(2)太陽系には，太陽と惑星以外に小惑星，すい星，太陽系外縁天体，衛星などがある。
(3)太陽のまわりを回るのにかかる時間を公転の周期という。公転の周期は太陽に近い惑星ほど短くなる。
(4)太陽系の惑星は地球と同じ向きに公転し，各惑星の公転軌道がほぼ同じ平面上にあることは惑星の起源が同じである根拠の1つである。

(5)惑星の半径が大きい順に，木星，土星，天王星，海王星(以上木星型惑星)，地球，金星，火星，水星(以上地球型惑星)。

(7)水素やヘリウムなどの軽い物質でできており，大きさ・質量が大きく，平均密度が小さい惑星を木星型惑星という。これに対して，表面は岩石，内部は金属などでできているため，平均密度が大きい惑星を地球型惑星という。

(9)小惑星は，岩石でできており，さまざまな軌道を回り，不規則な形をしている。

(10)太陽に近づくとガスやちりを放出し，太陽の反対側に尾を見せることがある。

p.102　ぴたトレ1

1　①大きい　②光年　③距離　④銀河
　⑤太陽系　⑥銀河系　⑦円盤　⑧恒星
　⑨10万　⑩3万

考え方　1 天体間の距離を表すときに「光年」という単位を用いるが，年とついていても時間の単位ではないことに注意する。

p.103　ぴたトレ2

1　(1)銀河　(2)エ
　(3)光が1年間に進む距離
　(4)A…ウ　B…イ
　(5)太陽系　(6)ウ　(7)天の川

考え方　1 (1)太陽を中心とした天体の集まりが太陽系であり，太陽系をふくんでいる銀河を銀河系という。銀河系の外には，1000億個以上もの銀河の存在が確認されている。
　(2)肉眼で太陽以外の恒星を見ても点にしか見えないが，太陽よりも大きな恒星はたくさんある。例えば，冬の代表的な星座であるオリオン座でひときわ明るくかがやくベテルギウスの直径は太陽の約1000倍近くにも達しているが，地球からの距離が約500光年もあるため，点にしか見えない。
　(3)1光年は光が1年間に進む距離である。光は1秒間に約30万km進む。したがって，1光年は
　　300000 km×(60×60×24×365)
　　=約9460800000000 km(9兆4608億km)
　　にもなる。

(4)，(6)Aは銀河系の直径であり約10万光年。Bは銀河系の厚さであり約1.5万光年である。太陽系は銀河系の中心から約3万光年はなれたところにある。

(7)天の川は銀河系の無数の恒星の集まりが川のように見えているものである。

p.104~105　ぴたトレ3

1　(1)③
　(2)太陽・地球・月の順で一直線に並んだとき。
　(3)金環日食(金環食)
　(4)(夜であれば，)世界じゅうどこからでも見ることができる。

2　(1)内惑星　(2)エ　(3)イ，ウ，エ
　(4)エは見かけの大きさも欠け方も大きいが，カは見かけの大きさも欠け方も小さい。
　(5)明け方，東の空に見える。
　(6)外惑星　(7)ケ　(8)東
　(9)見かけの大きさは変化するが，満ち欠けはほとんどしない。
　(10)右図

3　(1)ア　(2)ウ
　(3)小型で密度が大きな惑星。
　(4)イ，ウ，オ　(5)ア
　(6)同じ向きに回っている。

考え方　1 (1)一部分がかくされる日食を部分日食，すべてがかくされる日食を皆既日食という。
　(2)月食は，太陽の光でできる地球のかげに月が入る。
　(3)月と地球との距離が少し大きくなると，月の見かけの大きさが太陽の見かけの大きさよりも少し小さくなる。そのときは，太陽のふちがリング状に見える金環日食になる。
　(4)月食は月が欠けて見える時間も長い。

2 (1)水星と金星が内惑星である。
　(2)地球との距離が最も近い金星が，欠け方も最も大きく見える。
　(3)よいの明星は，夕方，西の空に見える金星である。図で，太陽と地球を結ぶ線より左にある金星があてはまる。

(4)地球との距離が遠ければ，見かけの大きさは小さくなる。

(5)明けの明星は，図で，太陽と地球を結ぶ線より地球から見て右にあり，東の空に見える。

(7)地球と火星が最も接近したときに，最も大きく見える。

(8)太陽を西の方向に見えるように立つと，㋘の火星は東の方向に見える。つまり，東の方位となる。

(9)外惑星は，見かけの大きさはある程度変わるが，満ち欠けはほとんどしない。

(10)まず上下を逆にした図をかき，次にその図から左右を逆にした図をかこう。

❸(1)公転周期が1年より短い内惑星の水星と金星では，金星が地球の大きさに近い。

(2)公転周期が最も長い天体である。

(3)地球型惑星は木星型惑星に比べると大きさはかなり小さいが，主に岩石でできている惑星なので，密度は大きい。

(4)木星型惑星はどれも外惑星である。表には外惑星が3つあることがわかるが，外惑星である火星は地球よりも小さいので，木星型惑星にはふくまない。

(5)金星の厚い大気は，主に二酸化炭素である。

(6)太陽系の惑星は，それぞれの公転面もほぼ同じ平面上にあり，同じ向きに公転している。

地球と私たちの未来のために

p.106 ぴたトレ1

1 ①生態系 ②食物連鎖 ③食物網 ④一定

2 ①生産 ②消費 ③無機物 ④分解
⑤細菌 ⑥微生物 ⑦二酸化炭素 ⑧循環
⑨二酸化炭素 ⑩光合成 ⑪呼吸

考え方

1 生産者…有機物をつくり出す。
消費者…有機物をとり入れる。
分解者…生物の死がいなどの有機物を無機物にする。

p.107 ぴたトレ2

1 (1)食物連鎖 (2)㋐ (3)④ (4)生態系
(5)㋒

2 (1)ⓐ光合成 ⓑ呼吸 (2)① (3)②
(4)㋑ (5)有機物

考え方

1 (1)食物連鎖とは，プランクトンをイワシが食べ，イワシをカツオが食べるというような，食物によって生物が鎖のようにつながっている関係である。

(2)，(3)㋒が植物で，ウサギは植物を食物とする草食動物である。

(4)地球全体も1つの生態系ととらえることができる。生態系の生物全体では，食物連鎖の関係が網の目のようにつながっていて，これを食物網という。

(5)いっぱんに，食べる側より食べられる側の数量の方が多い。

2 (1)，(2)生物は呼吸により酸素をとり入れ，二酸化炭素を放出する。植物は光合成を行うときに二酸化炭素をとり入れ，酸素を放出する。光合成は二酸化炭素と水を原料にして，太陽の光のエネルギーを利用して行われる。

(3)呼吸によって有機物を二酸化炭素と水に分解する過程で，必要なエネルギーをとり出す。

(4)生物の死がいやふんなどの排出物にふくまれる有機物を，無機物に分解しているミミズなどの土壌動物や微生物などを分解者という。

(5)点線の矢印は有機物の形で移動する炭素を示している。

1 ①保全　②きれいな　③きたない
2 ①外来　②開発　③絶滅　④つり合い

考え方
1 自然環境の調査において，川のよごれの程度やその場所の開発の進み具合などの手がかりとなる生物を指標生物という。
2 外来生物は，「外国から持ちこまれた生物」という意味ではないことに注意。例えば，国内のある地域から国内の別の地域に持ちこまれて定着した場合も外来生物となる。

❶ (1)きれいな水…A，D
　　とてもきたない水…G，H
　(2)Ⅱ
❷ (1)外来生物　(2)⑦，㋓，㋐　(3)㋒

考え方
❶ (1)川のよごれの指標となるような生物を，指標生物という。川にすむ生物の種類は，水のよごれの程度によって異なっている。そこで，川にすむこれらの指標生物の種類と数を調べることによって，川のよごれの程度をおよそ知ることができる。
以下に代表的な指標生物を示す。
[代表的な指標生物]

きれいな水	サワガニ カワゲラ類 ヒラタカゲロウ類
ややきれいな水	カワニナ ゲンジボタル イシマキガイ
きたない水	ミズカマキリ ヒル，ヒメタニシ ミズムシ
とてもきたない水	セスジユスリカ アメリカザリガニ サカマキガイ

上の指標生物の表を参考に分類する。
　きれいな水…A，D
　ややきれいな水…E
　きたない水…B，C，F
　とてもきたない水…G，H
(2)ややきれいな水にすむカワニナが多いので，Ⅱのややきれいな水と判断できる。サワガニやヒラタカゲロウ類も数匹見つかっているので，きれいな水とややきれいな水の間くらいのよごれの程度と考えられる。

❷ (1)本来その地域にすんでいなかった生物が，人の手で持ちこまれたり，人の移動にともなって入ってきたりして，その地域で野生化し定着したものを，外来生物という。外来生物といえるためには，野生化し，自然の中で定着していることが条件である。
(2)アレチウリは，北アメリカ原産の植物で日本国内には輸入大豆とともに種子が持ちこまれ，広まったと考えられている。
ミシシッピアカミミガメは北アメリカ原産のカメで，子どものころは緑色をしているため，ミドリガメの名でよく知られる。ペットとして輸入されたものが野生化した。
タイワンリスは，東アジア原産のリスで，動物園からの脱走やペットとして輸入されたものが野生化した。日本在来のニホンリスよりもからだが大きい。
(3)外来生物の問題は，生態系にかかわる問題である。外来生物が侵入した地域では，従来からすんでいた在来生物が追い払われ，数が減っているものがあり，生物の多様性が守られないおそれも出ている。我々人間も自然の一部であることをじゅうぶん自覚し，自然環境の保全に努めるためにも，外来生物による生態系の破壊を防ぐ必要がある。

1 ①石油　②ナフサ　③ない　④にくい
　⑤にくい　⑥強い　⑦固有　⑧生分解
　⑨二酸化炭素
2 ①電気　②水力　③火力　④原子力
　⑤放射線　⑥太陽光　⑦風力
　⑧バイオマス　⑨水力　⑩位置
　⑪運動　⑫電気

考え方
1 プラスチックは合成樹脂ともよばれる。
2 バイオマスは有機物を燃料とするが，排出される二酸化炭素は，もとは原料となる植物が成長過程で光合成によって大気中からとりこんだものであるため，全体としてみれば大気中の二酸化炭素は増加していないと考えることができる。これをカーボンニュートラルという。

1 (1)ナフサ　(2)ポリエチレンテレフタラート
(3)⑦　(4)⑦　(5)有機物

2 (1)A…水力　B…火力　(2)バイオマス
(3)化石燃料　(4)循環型社会

考え方

1 (1)ナフサは、石油などを蒸留して得られる、沸点が30〜180℃と比較的低い物質の混合物である。
(2)ポリ(P)エチレン(E)テレフタラート(T)の略語である。
(3)PETは透明で圧力に強いので容器に使われ、ポリプロピレンは、折り曲げに強いので、ラベルに使われる。
(4)熱可塑性プラスチックは、熱を加えるとやわらかくなってとけるが、冷えると再び固まり、熱硬化性プラスチックは、固まった後に再び熱を加えてもやわらかくならない。発泡ポリスチレンは、ポリスチレンに気泡をふくませたものである。
(5)プラスチックは有機物なので燃やすと水と二酸化炭素が生じる。

2 (1)、(3)Aの水力発電は水の位置エネルギーを利用する発電方法、Bの火力発電は化石燃料の化学エネルギーを利用する発電方法。
(2)バイオマス発電では、間伐材や農林業から出る作物の残りかすや家畜のふん尿などを活用する。

1 ①災害　②ハザード　③断層　④耐震
⑤津波　⑥高　⑦多い　⑧生活

2 ①保全　②持続可能　③外来　④太陽光
⑤化石　⑥温室　⑦温暖化　⑧SDGs

考え方

1 ハザードマップには、津波による災害の範囲を示すもの、火山の噴火による火山噴出物の届く範囲を示すもの、大雨により浸水しやすい地域を示すものなど、さまざまな種類のものがある。

2 温室効果ガスの削減を目標とした国際的なとり組みについては、1997年に京都市で結ばれた京都議定書や、2015年に結ばれたパリ協定などがある。

1 (1)ハザードマップ　(2)⑦　(3)⑤

2 (1)A…⑦　B…⑦　C…⑦　D…⑦
(2)マイクロプラスチック

考え方

1 (1)火山の噴火、大雨による洪水、地震による津波など、地域で考えられる災害に応じたハザードマップがつくられている。
(2)風にのって広がることから、粒が小さくて遠くまで運ばれる火山灰である。
(3)火山の観測や防災対策を行い、共存できることがのぞましい。

2 (1)石油や石炭、天然ガスなどをまとめて化石燃料といい、大昔の生き物の死がいが変質したものである。化石燃料ができるまでには長い年月が必要であり、埋蔵量には限りがある。そのため、将来にわたって利用できるバイオマスや太陽光、地熱、風力といった再生可能なエネルギー資源の研究が進められている。
(2)マイクロプラスチックは、環境中に存在する微小な粒子となったプラスチックのことで、プラスチックごみが海岸などで紫外線や波の影響を受けて劣化してできるほか、合成繊維の洗濯などによってもできる。マイクロプラスチックには有害な物質が付着しやすい。また、マイクロプラスチックそのものが有害な物質をふくむ場合もある。このマイクロプラスチックとともに有害な物質が食物連鎖によって多くの生物にとりこまれてしまうため、問題となっている。

1 (1)③　(2)④
(3)生物⑦の個体数は増加し、生物⑤の個体数は減少する。
(4)長期的に見れば、それぞれの生物の個体数はほぼ一定に保たれ、つり合うようになる。

2 (1)肉食動物　(2)A光合成　B呼吸
(3)⑤　(4)⑦　(5)分解者　(6)⑤

3 (1)①　(2)⑦→⑤→⑦→⑦　(3)④
(4)ぬれてもよいくつ(すべりにくいくつ)

4 (1)①並列(つなぎ)　②1(台で発電したとき)
③4(個のとき)
(2)風力発電

(3)常時ある程度の風がふいている立地である
こと。　(4)バイオマス発電　(5)⑦

⑤　(1)①温室効果ガス　②⑦，⑰
　　③パリ協定　(2)⑦

❶(1)イヌワシやタカは小型の肉食動物を食べ
る大型の肉食動物，ムクドリやモズは草
食動物などを食べる小型の肉食動物，ウ
サギやバッタは草食動物，トウモロコシ
は有機物をつくり出す植物である。
(2)図のピラミッドの各段の大きさは，各段
の生物の数量的な関係を表している。
(3)草食動物が一時的に多くなると，草食動
物が食べる生産者の個体数が減少し，草
食動物を食べる小型の肉食動物の個体数
が増加する。
(4)⑦の生物の急激な増加により，ほかの生
物の数量にも影響がおよぶが，長期的に
はそれぞれの生物の数量はほぼ一定に保
たれてつり合うようになる。
❷(1)草食動物を食べる動物を肉食動物という。
(2)，(3)二酸化炭素はすべての生物から呼吸
によって放出され，光合成によって植物
にとり入れられる。
(4)，(5)ミミズなどの土壌(どじょう)動物や菌類(きんるい)・細菌(さいきん)
類などは，有機物を無機物に分解するは
たらきをもつ。
(6)炭素は無機物(二酸化炭素)になったり，
有機物になったりして，自然界を循環(じゅんかん)し
ている。
❸(1)〜(3)⑦のサワガニ，ウズムシ，カワゲラ
はきれいな水，⑦のアメリカザリガニ，
セスジユスリカ，サカマキガイはとても
きたない水，⑰のヒメタニシ，ミズムシ，
シマイシビルはきたない水，⑲のヒラタ
ドロムシ，コガタシマトビケラ，カワニ
ナはややきれいな水に生息する水生生物
である。これらは水質調査の指標になる。
(4)川の流れに入って採集を行うので，ぬれ
てもよいくつをはく。また，すべりやす
い石などがあるため，くつ底がすべりに
くいくつがのぞましい。

❹(1)①家庭の電気の配線は並列つなぎである。
②回路の電圧を保つように発電しなけれ
ばならないので，1台では2台より大
きな運動エネルギーが必要になる。
③消費電力がふえるほど，発電に必要な
運動エネルギーは大きくなる。
(2)，(3)風力を利用した発電は，すでに各地
で行われているが，安定した発電のため
には常時一定レベルの風がふいているこ
とが望ましい。
(4)バイオマス発電では空気中の二酸化炭素
をとりこんでつくられた有機物を燃焼さ
せるため，化石燃料の燃焼とはちがい新
たな二酸化炭素を発生させないという考
え方ができる。
(5)核燃料の核分裂反応では，温室効果ガス
は発生しない。
❺(1)①，②温室効果ガスには，二酸化炭素や
水蒸気，メタンといったものがある。
温室効果ガスは，地球表面から放射さ
れる熱を吸収し，吸収した熱の一部を
地球表面にもどすことで地球表面付近
の大気をあたためるはたらきがある。
化石燃料は有機物であるため，燃焼さ
せると二酸化炭素が多量に出る。また，
森林は光合成によって二酸化炭素を吸
収するため，伐採(ばっさい)すると大気中の二酸
化炭素の割合が増加すると考えられる。

定期テスト予想問題
〈解答〉　p.118〜135

p.118〜119　　　　　予想問題 1

❶　(1)流れない。　(2)流れない。
　　(3)⑦，⑰，⑲　(4)イオン
❷　(1)塩化水素
　　(2)電極…陽極
　　　理由…陽極から発生した気体は塩素で，水
　　　にとてもとけやすいから。
　　(3)$2HCl \longrightarrow H_2 + Cl_2$
❸　(1)⑦，⑲　(2)⑦，⑰，⑲
❹　(1)赤色　(2)酸性　(3)陰極
　　(4)H^+　(5)⑲　(6)指示薬
　　(7)⑰

❶(1)固体(結晶)のままでは，食塩には電流は流れない。

(2)精製水はほぼ純粋な水で，電流は流れない。

(3)電解質がとけた水溶液を選ぶ。㋔は，中学2年で水の電気分解の実験を行ったとき，うすい水酸化ナトリウム水溶液を用いたことを思い出そう。
・電解質の水溶液…㋐，㋒，㋔
・非電解質の水溶液…㋑，㋓

(4)非電解質の水溶液中にはイオンが存在しないため，電流は流れない。

❷(1)塩酸は塩化水素の水溶液である。

(2)陰極からは水素が，陽極からは塩素が発生する。水素はほとんど水にとけないが，塩素は水にとけやすいため，発生しても再び水溶液にとけてしまい，装置にたまる体積は少なくなる。

(3)塩化水素2分子から，水素1分子と塩素1分子が生じる化学反応式を書く。

❸(1)電子は，陽子と中性子からできた原子核のまわりに存在する。また，陽子と電子の数は等しく，陽子1個と電子1個がもつ電気の量は同じであるため，原子は，全体として電気を帯びていない。

(2)㋑，㋒，㋔のイオンの化学式は，元素記号の右上に小さな「2」の数字が入る。㋑は Mg^{2+}，㋒は Cu^{2+}，㋔は SO_4^{2-} となる。

❹(1)，(2)塩酸は強い酸性の水溶液なので，青色リトマス紙の色は赤色に変わる。

(3)塩酸にふくまれる水素イオンは陽イオンなので，陰極側に引かれていく。したがって，青色リトマス紙の赤色に変わった部分は，陰極側に移動していく。

(4)青色リトマス紙の赤色に変わった部分が陰極側に移動したこと，陰極に移動するのは水素イオンであることから，酸性は水素イオンが示すことがわかる。

(5)塩酸と同じ酸性なのは，㋔の酢である。㋐のアンモニアと㋑の水酸化ナトリウム水溶液はアルカリ性，㋒の食塩水は中性である。

(6)色の変化で溶液の性質を調べられる薬品を指示薬という。リトマス紙やBTB溶液は，酸性，中性，アルカリ性のどれであるかを，色の変化で知ることができる。

(7)pHの数値は，値が小さいほど酸性が強く，中性が7。7より大きい場合はアルカリ性である。

出題傾向

塩化銅水溶液や塩酸の電気分解の問題では，電極の変化が問われる。陽極と陰極それぞれの変化の特徴をしっかり理解しておこう。また，原子のなり立ちについては用語を確実に覚えよう。電圧を加えたときのイオンの移動の実験は，現象の説明をできるようになっておこう。

p.120〜121 予想問題 2

❶(1)青色　(2)㋒　(3)㋐　(4)塩化ナトリウム
(5)$H^+ + OH^- \longrightarrow H_2O$　(6)中和
(7)あたたかく感じられる。
(8)液体がゴム球に流れこみ，ゴム球がいたむことを防ぐため。

❷(1)金属A…㋐　金属B…㋔
(2)金属A　(3)㋑

❸(1)電池　(2)＋極
(3)①○　②○　③×　④○　⑤×
(4)①化学　②電気　(5)電子　(6)←
(7)①逆になる。　②表面があらくなる。

❶(1)うすい塩酸にうすい水酸化ナトリウム水溶液を加えていき，$10\ cm^3$ 加えたところで緑色になったので，中性になったことがわかる。それ以上うすい水酸化ナトリウム水溶液を加えると，液はアルカリ性になるので，液の色は青色になる。

(2)，(3)塩酸には H^+ と Cl^-，水酸化ナトリウム水溶液には Na^+ と OH^- のイオンが存在する。水酸化ナトリウム水溶液を加えて中性になったところでは，H^+ と OH^- は結びついて水(H_2O)になるため存在せず，Cl^- と Na^+ は同数。それからさらに水酸化ナトリウム水溶液を加えるため，Na^+ はさらに増え，OH^- は増えていく。

(4)塩酸と水酸化ナトリウム水溶液を混ぜ合わせたときにできる塩は，塩化ナトリウム。

(5), (6)酸とアルカリが反応し，水と塩ができる反応を中和といい，混ぜ合わせる酸とアルカリが変われば，できる塩の種類は変わるが，水ができる反応は変わらない。

(7)中和反応が起こると，化学変化によって熱が発生するので，ビーカーにふれるとあたたかく感じられる。

(8)水溶液の種類によってはゴム球がいたんで，あとで使えなくなることがあるので，ゴム球の内側に液体が入らないように，ピペットの先を上に向けないように気をつける。

❷(1), (2)イオンになりやすい金属を，その金属よりもイオンになりにくい金属のイオンが存在する水溶液に入れると，イオンになりやすい金属は，イオンになりにくい金属のイオンに電子を渡して金属の陽イオンになる。一方，電子を受けとった金属のイオンは，金属の単体となり，イオンになりやすい金属の表面に付着する。

❸(1)物質に起こる化学変化によって電流をとり出す(電流を流す)装置を電池という。

(2)電圧計の針が 0 の目盛りよりも左にふれた場合は，電圧計の＋端子につないだ金属板は－極ということになる。

(3)同じ種類の金属板を用いたときは電圧が生じないため，③と⑤では電流が流れない。

(4)金属板は化学エネルギーをもっており，化学変化を利用して電気エネルギーをとり出していると考えられる。言いかえると，化学エネルギーを電気エネルギーに変換していると考えられる。

(5), (6)亜鉛板の表面では，亜鉛原子が電子を 2 個失って，亜鉛イオンとなってとけ出す。亜鉛板に残された電子は，導線を通って銅板に向かって流れる。したがって，電子の移動する向きは右向きとなるが，電子の移動する向きと電流が流れる向きは反対なので，左向きの矢印をかく。

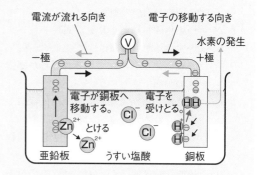

(7)①電流が流れる向きが逆になるので，モーターの回転する向きも逆になる。
②この装置を長時間そのままにしておくと，亜鉛が塩酸中にとけ出すので，亜鉛板の表面は色が少し黒く変化し，あらくなる。

出題傾向

中和はよく出題される内容である。中和の実験での水溶液中のイオンの数と BTB 溶液の色の変化などはしっかり理解しておこう。
電池の内容では，金属板の表面の変化のモデルや，電流の向き・電子の移動の向きがよく問われるので，自分でも図をかいたりして，しっかりとつかんでおこう。

p.122～123　　　　予想問題 3

❶ (1)④　(2)②　(3)核(染色体)
(4)㋐→㋕→㋑→㋓→㋒→㋔
(5)染色体　(6)遺伝子
❷ (1)花粉管　(2)精細胞　(3)受精　(4)胚
(5)発生　(6)種子　(7)生殖細胞
❸ (1)㋐精巣　㋑卵巣
(2)ⓓ→ⓑ→ⓒ→ⓐ
(3)ⓑの細胞　(4)胚　(5)発生
❹ (1)㋑　(2)減数分裂
(3)ⓑ③　ⓒ②

考え方

❶(1)ひとつひとつの細胞がはなれやすくなるように塩酸につける(塩酸処理)。
(2), (3)核を観察しやすいように，酢酸オルセインや酢酸カーミンを染色液として用いる。

(4)⑦…細胞分裂前の細胞。
　　㋕…染色体が見えるようになる。
　　①…染色体が中央部付近に集まって並ぶ。
　　㋑…染色体が分かれて，それぞれが細胞の両端に移動する。
　　㋒…2個の核ができ始め，染色体は細く長くなる。
　　㋓…細胞質が2つに分かれ，2個の細胞ができる。
(5)，(6)核の中にあるひものようなものを染色体といい，生物の形質を決める遺伝子がふくまれている。

❷(1)花粉がめしべの柱頭につくことを受粉という。受粉すると花粉から胚珠へ向かって花粉管がのび始める。
(2)花粉管の中には精細胞があり，その中を移動していく。
(3)花粉管が胚珠に達すると，花粉管の先端部まで運ばれた精細胞と，胚珠の中の卵細胞が受精する。
(4)受精卵は細胞分裂をくり返し，胚になる。胚は植物のからだになるつくりを備えている。
(5)受精卵が胚になり，個体としてのからだのつくりが完成していく過程を発生という。
(6)被子植物では，胚珠が発達して種子に，子房が発達して果実になる。
(7)有性生殖を行う生物では，生殖のための特別な細胞である生殖細胞が2種類つくられる。

❸(1)雄は精巣で精子という生殖細胞を，雌は卵巣で卵という生殖細胞をつくる。
(2)ⓓ…1個の細胞である受精卵。
　　ⓑ…3回分裂して8細胞になった状態。
　　ⓒ…さらに細胞分裂が進んだ状態。
　　ⓐ…からだの形ができてきている状態。
(3)ⓓからⓒまでは，全体の大きさはあまり変わらない。したがって，細胞分裂が進むと細胞1個1個は小さくなる。
(4)，(5)植物と同様に，受精卵が胚になり，個体としてのからだのつくりが完成していく過程を発生という。

❹(1)生殖細胞が受精することによって子をつくる生殖を有性生殖という。
(2)有性生殖で重要なはたらきをする生殖細胞がつくられるときには，減数分裂が起こる。受精後の子の染色体の数は，親と同数でなければいけない。そのため，生殖細胞の染色体の数は親の半分となるような特別な細胞分裂となり，体細胞分裂とは異なる。
(3)⑦は，受精を行わずに体細胞分裂によって子がつくられる無性生殖である。子は親の染色体をそのまま受けつぐため，子の形質は親と同じものになる。無性生殖を行う親と子のように，起源が同じで同一の遺伝子をもつ個体の集団をクローンという。
①は有性生殖で，子は両方の親から半数ずつ染色体を受けつぐため，子の形質は両方の親の遺伝子によって決まることになる。
なお，ジャガイモのように，無性生殖と有性生殖の両方を行って子孫をふやす生物もいる。

出題傾向

細胞分裂の観察はよく出題される内容である。観察の手順や注意点が問われるので，確実に身につけておこう。また，細胞分裂の順に図を並べる問題もチェックしておくこと。
生殖の内容では，植物についても動物についても，受精後の発生の過程をしっかり理解しておくこと。そして，染色体を受けつぐときの2種類の分裂の方法についても，図にかくなどして確実に理解しておこう。

p.124～125　　　　予想問題 4

❶(1)自家受粉　(2)純系
(3)対立形質　(4)Ａａ
(5)⑦丸形　①丸形　(6)丸形
❷(1)形質　(2)丸形の種子　(3)③
(4)③，④　(5)メンデル
❸(1)スズメ…㋒　コウモリ…㋒　クジラ…①
(2)①　(3)相同器官　(4)①・㋒・㋓　(5)進化

❶(1)めしべの柱頭に花粉がつくことを受粉という。花粉が同じ個体の花のめしべについて受粉することを自家受粉という。エンドウは，自然に花がさく状態では，花粉が同じ花の中のめしべにつく。

(2)親，子，孫と何世代も自家受粉をくり返しても，その形質がすべて親と同じである場合に純系という。

(3)種子の「丸形」と「しわ形」のような対立する形質が，同時に1つの種子に現れることはない。

(4)親①からA，親②からaを受けつぐので，Aaとなる。

(5)①の遺伝子の組み合わせはAaなので丸形となる。

(6)AAとAaの交配なので，また表と同じ交配をすることになる。得られる種子の遺伝子は，AAかAaのどちらかなので，形はすべて丸形となる。

❷(1)草たけが高い・低い，種子の色が緑色・黄色など，生物のからだの特徴となる形や性質のことを形質という。

(2)純系の丸形の親と，純系のしわ形の親の交配で，丸形の種子が顕性形質なので，子はすべて丸形の種子となる。

(3)5472：1824 = 3：1となる。

(4)子の代を交配すると，右の表のような遺伝子の組み合わせになる。囲んでいるものが丸形の種子となる。

生殖細胞の遺伝子	A	a
A	AA	Aa
a	Aa	aa

(5)メンデルは7つの対立形質について調べ，遺伝の規則性を導き出した。

❸(1)スズメとコウモリでは空を飛ぶのに適したつばさ，クジラでは水中を泳ぐのに適したひれになっている。

(2)セキツイ動物の前あしは，どれも魚類の胸びれが変化して，それぞれの生活環境に適したつくりに変化してできたと考えられている。

(3)もとは同じものから変化したと考えられるからだの部分を相同器官という。

(4)相同器官のうち，ヘビやクジラの後ろあしのように，はたらきを失って痕跡的に残っているものもある。イカの背側の外とう膜の内側にある骨のようなものは，イカのなかまがもともともっていた貝のなかまと同じような貝殻が変化して小さくなったものである。これらのつくりは進化の証拠としてあげられる。

(5)相同器官などは，ある生物が変化して別の生物が生じたことを示す証拠の1つであると考えられている。このように，生物が長い時間をかけて，多くの代を重ねる間に変化することを進化という。

なお，そのほかの進化の証拠の例として，化石として見つかる始祖鳥のほかに，シーラカンス，カモノハシのような「生きている化石」とよばれる動物などもあげられる。

出題傾向

遺伝の規則性に関しては，対立形質や分離の法則などいろいろと重要な用語が出てくる。まず，それらの用語を意味とともにしっかり覚えよう。また，遺伝のしくみはよく出題される内容である。親の遺伝子により，子の代，孫の代の遺伝子の組み合わせや現れる形質がどうなるか，くり返し確認しておこう。個体数の比を求める計算もあるので，そのような問題にも慣れておきたい。

また，生物の進化については，「相同器官」と「進化」の意味をしっかり理解しておこう。

p.126〜127　　予想問題 5

❶(1)0.4秒　(2)34 cm/s　(3)⑦

❷(1)変化しない。　(2)420 cm/s　(3)⑦
(4)原点を通る直線の傾きが大きくなる。
(5)斜面が台車を垂直におす力（斜面からの垂直抗力）

❸(1)右図　(2)6 N

❹(1)慣性
(2)等速直線運動
(3)⑦
(4)作用・反作用の法則

❺(1)0.06（N）　(2)変わらなかった。

①(1)1秒間に50打点することから，1打点
は1 s÷50＝0.02 sかかる。
　A〜Eまでは20打点あるので，
　0.02 s×20＝0.4 s
(2)速さ＝テープの長さ÷かかった時間　で
求められるので，
　13.6 cm÷0.4 s＝34 cm/s
(3)A〜Eまで5打点ごとにつけた打点の間
隔が広くなっているので，テープを手で
引く速さはしだいに速くなっている。
②(1)台車にはたらく重力の，斜面下向きの力
の大きさは，同じ斜面上ではどこに台車
があっても一定である。
(2)CD間を移動する時間は，
　1 s÷50＝0.02 s
　CD間の距離は，
　18.6 cm－10.2 cm＝8.4 cm
　よって，平均の速さは，
　8.4 cm÷0.02 s＝420 cm/s
(3)斜面を下る運動では，速さは一定の割合
で速くなる。
(4)斜面の傾きを大きくすると，速さが増加
する割合も大きくなるので，グラフでは
原点を通る直線の傾きが大きくなる。
(5)斜面上であっても垂直抗力ははたらく。
③(1)まず，おもりが点Oを引く力の矢印を，
上下逆向きにした矢印を点Oからかき，
それをPOの方向とばねで引く方向の2
つの方向に分解する。
(2)おもりの重さは4 Nで，おもりが点Oを
引く力の矢印は4目盛り分あるので，図
2の1目盛り分は1 Nとなる。(1)の作図
より，ばねが点Oを水平に引く力の矢印
は6目盛り分なので，力の大きさは6 N。
④(1)ほかの物体から力がはたらかない場合，
または，合力が0の場合，静止している
物体はいつまでも静止を続け，運動して
いる物体はそのままの速さで等速直線運
動を続ける。物体のこのような性質を慣
性といい，これを慣性の法則という。
(2)ドライアイス(二酸化炭素の固体)は気体
になるので，床との間の摩擦がきわめて
小さい。そのため，そのままの速さで運
動する。

(3)，(4)BさんがAさんのボートをおした力
と，大きさが同じで逆向きの力がBさん
にもはたらく。これを，作用・反作用の
法則という。Bさんがおすと，2そうの
ボートは，逆向きに同じ距離を動く。

●「力のつり合い」と「作用・反作用の法則」の例
〈力のつり合いの関係〉　〈作用と反作用の関係〉

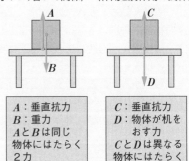

A：垂直抗力	C：垂直抗力
B：重力	D：物体が机を
AとBは同じ	おす力
物体にはたらく	CとDは異なる
2力	物体にはたらく
	力

⑤(1)0.22 N－0.16 N＝0.06 N
(2)浮力の大きさは物体の水中にある体積に
よって決まるから，全部が水中にある状
態では浮力は変わらない。物体にはたら
く重力も変わらないので，ばねばかりの
示す値は変わらない。

出題傾向

速さや等速直線運動，斜面を下る物体の運動な
どはよく出題される。記録タイマーを使った実
験から物体の速さを求める問題や，時間と速さ
や移動距離の関係を表すグラフなど，多様な問
題に慣れておこう。
また，力の合成，分解などの作図に関する問題
の出題も多い。作図の方法をしっかり習得し，
慣性の法則や作用・反作用の法則などについて
も確実に理解しておこう。

p.128〜129　　　　予想問題 6

① (1)位置エネルギー　(2)運動エネルギー
(3)㋑　(4)㋑，㋔　(5)2倍
(6)$E_1＝E_2＝E_3$
(7)力学的エネルギーの保存
② (1)重力　(2)2000 N　(3)12000 J
(4)400 W　(5)150秒　(6)0.2 m
(7)24秒

❸ (1)ハンドルを回した時間

(2)ハンドルを回すときの摩擦による熱や音で
エネルギーが放出されたから。

❹ (1)エ　(2)仕事の原理　(3)1800 J

(4)図2…150 N　図3…180 N

(5)12 m　(6)60 W

考え方

❶(1)高い位置にある物体がもつエネルギーを
位置エネルギーという。

(2)⑦では，鉄球は転がって運動している。
運動している物体がもつエネルギーを運
動エネルギーという。⑦での高さは0に
なっているので，位置エネルギーはすべ
て運動エネルギーに移り変わっている。

(3)摩擦や空気の抵抗は考えないことから，
鉄球が運動している間に放出されるエネ
ルギーはないので，もとの高さと同じ①
まで移動する。

(4)，(5)⑦の鉄球がもっている位置エネル
ギーを1とすると，①では高さが半分だ
から，位置エネルギーは0.5，⑦では高
さが0だから，位置エネルギーは0，①
では高さが半分だから，位置エネルギー
は0.5，④では⑦と高さが同じだから，
位置エネルギーは1となる。減少した
位置エネルギーはすべて運動エネルギー
に移り変わっているので，①の運動エネ
ルギーは0.5，⑦の運動エネルギーは1，
①の運動エネルギーは0.5，④の運動エ
ネルギーは0となる。

(6)，(7)位置エネルギーと運動エネルギーの
和を，その物体の力学的エネルギーとい
い，運動の過程で常に一定に保たれてい
る。このことを，力学的エネルギーの保
存という。

❷(1)モーターは荷物にはたらく重力にさか
らった仕事をしている。

(2)質量200 kgは200000 gなので，荷物
にはたらく重力の大きさは2000 N。

(3)仕事＝物体に加えた力×力の向きに移動
させた距離　で求めるので，
2000 N×6 m＝12000 J

(4)仕事率＝仕事÷かかった時間　で求める
ので，
12000 J÷30 s＝400 W

(5)1000 kgの物体を6 mもち上げるときの
仕事は，10000 N×6 m＝60000 J，この
モーターの仕事率は400 Wなので，かか
る時間は，
60000 J÷400 W＝150 s

(6)2000 kgの物体をx〔m〕もち上げるとき
の仕事は，20000×x＝20000 x
より，20000 x〔J〕，このモーターの仕
事率は400 Wなので，かかる時間は，
20000 x÷400＝50 x　より，50 x〔s〕
50 x＝10　より，x＝0.2 m

(7)1分は60秒で，求める時間をx〔s〕とす
ると，
400×60＝1000×x　これよりx＝24 s

❸(1)電気エネルギーは，電圧×電流×時間で
求められる。

(2)摩擦による熱エネルギーや音エネルギー
が放出される分，変換される電気エネル
ギーは小さくなる。

❹(1)，(2)仕事の原理より，仕事の大きさは，
どんな方法を使っても同じになる。

(3)質量30 kgの物体にはたらく重力の大き
さは300 N。よって，仕事の大きさは，
300 N×6 m＝1800 J

(4)図2は動滑車を使っているので，

力の大きさは$\frac{1}{2}$になる。

図3は(3)の仕事を10 m引き上げて行って
いるので，1800 J÷10 m＝180 N

(5)動滑車を使うと，ロープを引く力は$\frac{1}{2}$に

なるが，ロープを引く長さは2倍になる。

(6)仕事率＝仕事÷かかった時間で求めるので，
1800 J÷30 s＝60 W

出題傾向

位置エネルギーと運動エネルギーの大きさが変
化する実験や，力学的エネルギーの保存につい
ての問題がよく出題される。また，仕事の原理
に関して，滑車や斜面を使った場合との比較も
よく問われる。仕事や仕事率を求める計算に慣
れるともに，単位についてもしっかり確認して
おこう。
また，エネルギーが移り変わるときの変換効率
についても理解しておこう。

❶ (1)①⑦　②⑦　③⑦

(2)気体である。

(3)⑤　(4)2.2 倍

❷ (1)ペン先のかげの位置が円の中心Oにくるようにしてつける。

(2)ⓓ　(3)⑦　(4)日の出の位置

(5)南中高度　(6)自転

❸ (1)自転…ⓐ　公転…ⓒ　(2)みずがめ座

(3)さそり(座)　(4)しし座

❹ (1)⑦　(2)ⓓ　(3)77.4°　(4)しずまない。

考え方

❶ (1)①太陽は東から西の向きに自転しているため，黒点も東から西に向かって移動する。したがって，投影板の記録用紙上で，黒点が移動していく向きが西にあたる。

②黒点が黒く見えるのは，周囲より温度が低いためである。

③黒点の移動は，太陽が自転していることを示している。黒点の移動の速さから，太陽の自転の周期を計算することができる。

(2)場所によって自転の速さが異なることは，太陽が液体や気体であることを示す。太陽は非常に高い温度なので，液体ではなく気体と考えられる。

(3)太陽の表面温度は約 6000 ℃，黒点は約 4000 ℃。

(4)$109 \times \dfrac{2.2}{109} = 2.2$ より，2.2 倍である。

❷ (1)中心Oが観測者の位置なので，太陽の位置と観測者の位置が一直線上にあるようにする。

(2)，(3)日本付近では，太陽は東の空からのぼり，南の空を通って，西の空にしずむ。よって，図のⓓが南，ⓑが北，ⓐが東，ⓒが西となる。

(4)ⓔは東の方向にあるので，太陽が地平線から出てくる位置を表すことになる。

(5)南中のときの高度を南中高度といい，1日で最も高度が高い。

(6)地球が一定の速さで自転しているので，太陽も見かけ上，一定の速さで動いているように見える。

❸ (1)地球の自転の向き，公転の向きの両方ともに，北極側から見ると反時計回りである。

(2)太陽の反対側にあるみずがめ座が一晩中見える星座である。

(3)地球の公転に合わせて，太陽と同じ方向になる星座を見ていく。

(4)地球がⓔの位置にあるとき，真夜中に南の空に見える星座はしし座である。地球が6時間自転した明け方のとき，太陽と反対方向にあるしし座の方向が西となる。

❹ (1)夏至の日，日本付近では，太陽は真東より北寄りの位置からのぼり，南の空を通って，真西より北寄りの位置にしずむ。

(2)⑦は冬至の日を表している。北極付近に太陽の光があまり当たらない地球の位置を選ぶ。

(3)日本付近の夏至の日の太陽の南中高度は，「90°−(緯度−23.4°)」で求められる。また，春分・秋分の日の南中高度は，「90°−緯度」で，冬至の日の南中高度は，「90°−(緯度+23.4°)」で求められる。23.4° は，公転面に垂直方向からの地軸の傾きの角度である。

(4)日本が夏至のころ，北極における太陽は地平線近くを地平線に平行に移動するように見えて，しずむことはない。このように太陽がしずまない期間を白夜とよぶ。逆に，冬至のころは，北極における太陽は地平線より上に出ることはなく，1日中夜となる。

出題傾向

太陽の表面のようす，黒点の移動からわかることなどがよく出題される。
地球の運動と天体の動きについては，天体の日周運動や年周運動，地球の公転による季節で見える星座や太陽の南中高度の変化などがよく問われる。1日や1か月で星が動いて見える角度などはしっかり理解しておこう。

❶ (1)太陽の光を反射しているから。

(2)南　(3)⑦　(4)B…位置　C…公転

❷ (1)衛星　(2)⑦　(3)①

(4)真夜中(午前0時ごろ)　(5)⑦

(6)⑦　(7)月のかげ　(8)長くなっている。

❸ (1)⑦　(2)C　(3)A

(4)金星が地球の公転軌道の内側を公転しているため。

❹ (1)銀河　(2)エ　(3)ⓐ

考え方

❶(1)太陽は自ら光を放っているが，月をふくめて太陽系の天体が光って見えるのは，太陽の光を反射しているからである。

(2)月は，東の空からのぼり，南の空を通って，西の空にしずむ。したがって，東から西を見わたせる南を向いて立つ。

(3)日の入り直後に見える月は，細い月ほど西の方に見える。日がたつにしたがって，西→南→東へと位置は移り変わっていく。

(4)月の表面の半分には，常に太陽の光が当たっているので，光が当たっている面を全部見ることができれば，満月に見える。しかし，月は地球のまわりを公転しているため，太陽と地球と月の位置関係は日々変わっている。このことにより，地球から見える月の形も毎日変わる。

❷(1)月は，地球のただ１つの衛星（えいせい）である。惑星（わくせい）には必ず衛星があるわけではなく，水星と金星には衛星がない。

(2)昼に真南にくる月の位置が⑦であるから，６時間後に真南に見える月の位置は⑦となる。

(3)⑦の位置の月は，地球からは右の図の太い線の部分が見えるので，三日月のような月の右側が細くかがやいて見える形となる。

光って見える部分

(4)写真は満月で，夕方６時ごろ東からのぼり，真夜中（午前０時ごろ）に南中する。

(5)月食は，地球のかげに月が入る現象なので，太陽−地球−月の順に一直線に並んだときに起こる。したがって，この位置関係になるときの月は，地球からは満月に見える。

(6)日食は，太陽が月にかくされる現象なので，太陽−月−地球の順に一直線に並んだときに起こる。したがって，この位置関係になるときの月は，地球からは新月となる。

(7)日食のときは，太陽の光による月のかげが地球の表面を移動していく。

(8)月の公転軌道（きどう）の関係で，地球から月までの距離（きょり）はわずかに変化するため，月の見かけの大きさもわずかに変化する。太陽の見かけの大きさと月の見かけの大きさがほぼ一致するときは，皆既日食（かいき）が起こる。しかし，地球と月の距離が少し長くなったときは，月の見かけの大きさがやや小さくなるため，太陽のふちが残る金環日食（きん・かん）となる。

❸(1)地球と太陽を結ぶ線より西側に金星があるときは，明け方に東の空に見える。

(2)図２の金星は，左側が細く光って見えるので，図１で地球と太陽を結ぶ線よりも右側（西側）にある金星である。欠け方が大きいのは，地球に近いことを示しているので，DではなくCの位置にあると考えられる。

(3)金星の大きさは，地球からの距離に関係する。地球からの距離が遠いほど小さく見える。

(4)天体が真夜中に観察することができるためには，地球をはさんで太陽と正反対の方向に天体がなければならない。金星のように地球の内側の軌道を公転している天体は，太陽の反対の方向にくることはないことに着目して考えよう。

❹(2)，(3)太陽系が所属する銀河系は，直径が約10万光年で，太陽系は銀河系の中心部から約３万光年はなれた位置にある。

出題傾向

月の満ち欠けの問題はよく出題される。月の位置によって地球からはどのような形に見えるか，いつごろ南中するか，しっかり理解しておこう。また，太陽・地球・月の位置関係で起こる日食と月食についても，どのような理由で起こるかを理解しておこう。
金星については，見かけの大きさ，欠け方，見える方位が変わることを，太陽・地球・金星の位置関係で確認しておこう。

p.134〜135　　　　予想問題 9

❶ (1)エ　(2)生産者　(3)⑦　(4)③　(5)④

(6)分解者

❷ (1)⑦　(2)光合成　(3)呼吸　(4)水
　　(5)②，⑤，⑦，⑨
❸ (1)⑦　(2)ェ　(3)100倍(程度)
❹ (1)化学エネルギー　(2)⑦
　　(3)再生可能なエネルギー資源
　　(4)燃料電池自動車
　　(5)持続可能な社会

<table>
</table>

考え方

❶(1), (2)植物は，太陽の光エネルギーと二酸化炭素と水を使って光合成を行い，有機物と酸素をつくり出す。したがって，生産者とよばれる。生物の数量的な関係をピラミッドで表した場合，植物は底辺となり，さまざまな生物が生きていくのを支えるはたらきをする。

(3)植物を食べて生活する動物が草食動物である。図では，植物の上の段にあたる。

(4)図の①は，草食動物を食べて生活する小型の肉食動物，⑦は小型の肉食動物を食べて生活する大型の肉食動物を表している。生物①が一時的に減少すると，生物①を食物としていた生物⑦は，数量が一時的に減少する。一方，生物①の食物となっていた生物⑦は，数量が一時的に増加する。ふつう，このような生物の数量の増減があっても，長期的にはもとにもどり，つり合うようになる。

(5)地球全体も1つの生態系としてとらえることができ，また，海洋，各地域の湖沼，河川，森林，草原などもそれぞれ1つの生態系ととらえることができる。

(6)ミミズなどの土壌動物や菌類や細菌類は，生物の死がいや排出物に含まれる有機物を無機物に分解することから，分解者とよばれる。

❷(1), (2)植物のところの⑦に光から矢印が向いているので，⑦は光合成を表していると判断できる。そして，⑦からの矢印が光合成に向かい，光合成からの矢印が①に向かっているので，⑦が二酸化炭素，①は酸素を表していることがわかる。⑦は光合成でつくり出されるということから，有機物を表している。

(3), (4)生物は，有機物を呼吸によって二酸化炭素と水に分解する過程で，生きるために必要なエネルギーをとり出している。

(5)図の⑦は分解者を示している。分解者にはミミズなどの土壌動物や，菌類・細菌類などの微生物があてはまる。②の乳酸菌は菌とついており，大腸菌などと同様の細菌類である。また，⑧の植物プランクトンは，光合成を行う生産者である。

❸(2), (3)空気中に大気汚染物質が多いと，植物の気体の出入り口である気孔に，よごれがつまっていることがある。マツの葉を観察する場合は，光をななめ上から当て，顕微鏡の倍率は100倍程度で観察するとよい。

❹(1), (2)石油や石炭，天然ガスなどの化石燃料がもつ化学エネルギーを燃やすことで熱エネルギーに変換し，さらにそれを運動エネルギー→電気エネルギーに変換するしくみが火力発電である。火力発電は，温室効果ガスの二酸化炭素を大量に発生させる点が短所である。

(3)太陽光発電や風力発電，地熱発電，バイオマス発電などの再生可能なエネルギー資源を利用した発電が広まってきていて，これらを組み合わせるなどして，電気エネルギーをまかなっていくことが必要である。

(4)燃料電池自動車が排出するのは水だけで，二酸化炭素や空気をよごす物質が出ない。

(5)私たちは，資源の消費を減らしてリサイクルなどによる再利用を進め，循環を可能にした循環型社会を確立し，持続可能な社会の構築をめざさなければならない。それが，子孫に対する私たちの責任である。

出題傾向

食物連鎖による生物どうしのつながりや物質の循環はよく出題される。食物連鎖での個体数の増減や自然界のつり合いなどについても確実につかんでおこう。
また，持続可能な社会の構築に関して，再生可能なエネルギー資源や新しい科学技術などについて問われることも多いので，関心をもち，しっかり理解しておこう。

赤シート×直前対策!

ぴたトレ mini book

テストに出る!

重要語句
チェック!

理科3年　東京書籍版

理科で使う用語をまとめて確認
赤シートでかくしてチェック!

解説中の波線部(＿＿)は，この付録に掲載している用語
を表しています。また，【→　】で，合わせて確認したほ
うがよい用語や，参照すべき図などを示しています。

← 「ぴたトレ mini book」は取り外してお使いください。

単元1

アルカリ／水溶液にしたとき，電離して水酸化物イオンOH⁻を生じる化合物

【→酸】

アルカリ性（せい）／pHの値が7より大きいときの水溶液の性質

【→酸性，中性】

イオン／電子を失ったり受けとったりして，原子や原子の集団が電気を帯びたもの

【→陽イオン，陰イオン】

一次電池（いちじでんち）／使うと電圧が低下し，もとにもどらない電池

【→二次電池】

陰イオン（いん）／原子や原子の集団が電子を受けとり，－の電気を帯びたもの

【→イオン，陽イオン】

塩（えん）／酸の陰イオンとアルカリの陽イオンとが結びついてできた物質

原子核（げんしかく）／原子の中心にあり，陽子と中性子からできているもの

【→電子，図1】

酸（さん）／水溶液にしたとき，電離して水素イオンH⁺を生じる化合物

【→アルカリ】

酸性（さんせい）／pHの値が7より小さいときの水溶液の性質

【→アルカリ性，中性】

充電（じゅうでん）／二次電池の電圧を回復させる操作

多原子イオン（たげんし）／異なる種類の原子が2個以上集まった原子の集団が，全体として電気を帯びたイオン

蓄電池（ちくでんち）／＝二次電池

中性（ちゅうせい）／pHの値が7であるときの水溶液の性質

【→アルカリ，酸】

中性子（ちゅうせいし）／原子の中心にある原子核の一部で，電気をもたないもの

【→電子，陽子，図1】

中和（ちゅうわ）／酸の水溶液とアルカリの水溶液を混ぜ合わせて，水素イオンと水酸化物イオンが結びついて水をつくり，たがいの性質を打ち消し合う反応

電解質（でんかいしつ）／水にとかしたときに電流が流れる物質

〔例〕塩化ナトリウム（食塩），塩化水素

【→電離，非電解質】

電子（でんし）／原子核のまわりにある，－の電気をもつもの

【→原子核，中性子，陽子，図1】

図1 原子の構造

水素原子

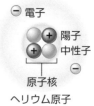
ヘリウム原子

電池／化学変化を利用して，物質のもつ化学エネルギーを電気エネルギーに変える装置

【→一次電池，二次電池，**図2**】

電離／物質が水にとけて，陽イオンと陰イオンにばらばらに分かれること

【→電解質，**図3**】

同位体／同じ元素で，中性子の数が異なる原子

二次電池／外部から逆向きの電流を流すと低下した電圧が回復し，くり返し使うことができる電池

【→一次電池，充電】

燃料電池／水の電気分解とは逆の化学変化を利用する電池

pH／酸性やアルカリ性の強さを表す値

非電解質／水にとかしても電流が流れない物質

〔例〕砂糖，エタノール

【→電解質】

めっき／表面を加工する方法のひとつで，材料の表面に金属のうすい膜をつける処理

陽イオン／原子や原子の集団が電子を失い，＋の電気を帯びたもの

【→イオン，陰イオン】

陽子／原子の中心にある原子核の一部で，＋の電気をもつもの

【→中性子，電子，**図1**】

図2 ダニエル電池のモデル

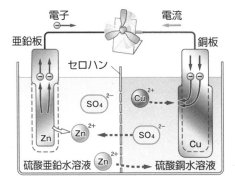

図3 電離を表す式

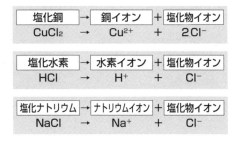

塩化銅	→	銅イオン	+	塩化物イオン
$CuCl_2$	→	Cu^{2+}	+	$2Cl^-$

塩化水素	→	水素イオン	+	塩化物イオン
HCl	→	H^+	+	Cl^-

塩化ナトリウム	→	ナトリウムイオン	+	塩化物イオン
$NaCl$	→	Na^+	+	Cl^-

遺伝／親の形質が子や孫に伝わること

遺伝子／染色体にある，生物の形質を決めるもの

遺伝子組換え／異なる個体の遺伝子を導入すること

栄養生殖／植物がからだの一部から新しい個体をつくる無性生殖

〔例〕いもが新しい個体となること

花粉管／被子植物で，花粉がめしべの柱頭についた後に見られる，花粉から胚珠へ向かってのびるつくり

クローン／無性生殖における親と子のように，起源が同じで，同一の遺伝子をもつ個体の集団

形質／生物の形や性質などのこと

減数分裂／有性生殖において，生殖細胞がつくられるときに行われる特別な細胞分裂

【→体細胞分裂，図6】

顕性形質／対立形質のそれぞれについての純系を交配したとき，子に現れる形質

【→潜性形質】

交配／遺伝子をかけ合わせること

細胞分裂／1個の細胞が2つに分かれて2個の細胞になること

【→減数分裂，体細胞分裂，図4】

自家受粉／花粉が同じ個体のめしべについて受粉すること

受精／2種類の生殖細胞が結合し，1個の細胞になること

【→受精卵】

図4 体細胞分裂

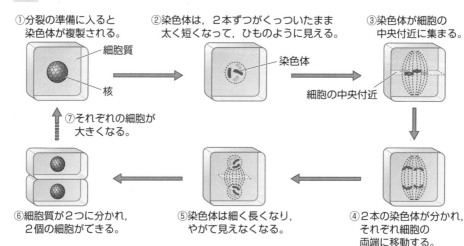

①分裂の準備に入ると染色体が複製される。
細胞質
核

②染色体は，2本ずつがくっついたまま太く短くなって，ひものように見える。
染色体

③染色体が細胞の中央付近に集まる。
細胞の中央付近

⑦それぞれの細胞が大きくなる。

⑥細胞質が2つに分かれ，2個の細胞ができる。

⑤染色体は細く長くなり，やがて見えなくなる。

④2本の染色体が分かれ，それぞれ細胞の両端に移動する。

受精卵／未受精の卵（卵細胞）に精子（精細胞）が受精した細胞

純系／親，子，孫と何世代も代を重ねても，その形質が全て親と同じになるもの

進化／生物が，長い年月をかけて代を重ねる間に変化すること

精細胞／被子植物の生殖細胞で，花粉の中にあるもの

【→卵細胞】

精子／動物の生殖細胞で，雄がつくるもの

【→卵】

生殖／生物が新しい個体（子）をつくること

【→無性生殖，有性生殖】

生殖細胞／生殖のための特別な細胞

染色体／細胞分裂のときに細胞の中に見られるひものようなもので，細胞の核の中にある遺伝子をふくむ構造

【→図4】

潜性形質／対立形質のそれぞれについての純系を交配したとき，子に現れない形質

【→顕性形質】

相同器官／現在の形やはたらきは異なるが，もとは同じ器官であったと考えられるもの

【→図5】

相同染色体／生物のからだをつくる細胞の染色体は，同じ形や大きさのものが2本（1対）ずつあり，このように対をなす染色体のこと

体細胞分裂／からだをつくる細胞が分かれる細胞分裂

【→減数分裂，図4】

対立形質／エンドウの種子の丸形としわ形のように，同時には現れないたがいに対をなす形質

DNA／遺伝子の本体である物質

デオキシリボ核酸／＝DNA

胚／動物では，受精卵が細胞分裂を始めてから，自分で食物をとることのできる個体となる前までをさす，植物や動物のからだになるつくりを備えている，受精卵が細胞分裂をくり返したもの

【→発生，図7】

発生／受精卵が胚になり，からだのつくりが完成していく過程

【→図7】

図5 相同器官

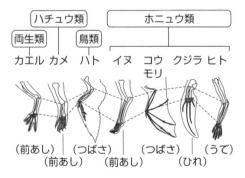

分離の法則／対になって存在する遺伝子が，減数分裂のときに分かれて別々の生殖細胞に入ること

【→図6】

無性生殖／受精を行わずに子をつくる生殖

【→栄養生殖，有性生殖，図7】

優性形質／＝顕性形質

有性生殖／卵（卵細胞）と精子（精細胞）が受精することによって新たな個体（子）をつくる生殖

【→無性生殖，図7】

幼根／植物の胚にある，根になる部分

卵／動物の生殖細胞で，雌がつくるもの

【→精子】

卵細胞／被子植物の生殖細胞で，胚珠の中にあるもの

【→精細胞】

劣性形質／＝潜性形質

図6 遺伝子の伝わり方

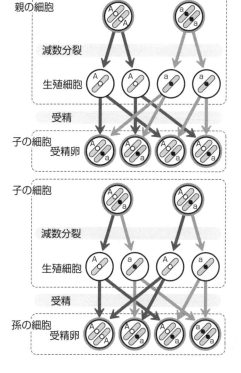

図7 無性生殖・有性生殖

無性生殖

分裂

動物の有性生殖

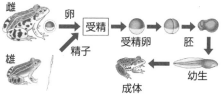

植物の有性生殖

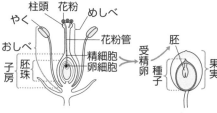

位置エネルギー／高い位置にある物体がもっているエネルギー

【→力学的エネルギー，**図10**】

運動エネルギー／運動している物体がもっているエネルギー

【→力学的エネルギー，**図10**】

エネルギー／物体を動かしたり，変形させたり，熱や光を出したりするなど，さまざまな作用をすることができる能力

エネルギーの保存／エネルギーの変換の前後で，エネルギーの総量は変わらないこと

慣性／物体がもとの運動状態を保とうとする性質のこと

慣性の法則／ほかの物体から力がはたらかない場合，または，はたらいていても合力が0の場合，静止している物体は静止し続け，運動している物体はそのままの速さで等速直線運動を続けるということ

キロメートル毎時／速さを表す単位(記号km/h)

【→瞬間の速さ，平均の速さ】

合力／複数の力と同じはたらきをする1つの力

【→力の合成，分力，**図9**】

作用／ある物体が別の物体に加えた力のこと

作用・反作用の法則／1つの物体がほかの物体に力を加えた場合，それぞれが必ず同時に，相手の物体から一直線上にある同じ大きさの逆向きの力を受けること

仕事／物体に力を加えてある向きに移動させたときの，物体に加えた力と力の向きに移動させた距離の積

【→ジュール，**式1**】

仕事の原理／てこや滑車などの道具を使うと，小さな力で仕事ができるが，力を加える距離が長くなるので，道具を使わない場合と，仕事の大きさは変わらないこと

仕事率／1秒間あたりにする仕事

【→ワット，**式2**】

単元3

式1 仕事

移動距離〔m〕

力〔N〕

仕事〔J〕＝物体に加えた力〔N〕
×力の向きに移動させた距離〔m〕

式2 仕事率

$$仕事率〔W〕＝\frac{仕事〔J〕}{時間〔s〕}$$

式3 速さ

$$速さ〔m/s〕＝\frac{移動距離〔m〕}{かかった時間〔s〕}$$

自由落下／静止していた物体が重力によって水平面に対して垂直に落ちる運動

ジュール／仕事やエネルギーの大きさを表す単位(記号J)

瞬間の速さ／ごく短い時間に移動した距離をもとに求めた速さ

【→キロメートル毎時，センチメートル毎秒，平均の速さ，メートル毎秒，**式3**】

水圧／水中でまわりの水から受ける圧力

【→**図8**】

センチメートル毎秒／速さを表す単位(記号cm/s)

【→瞬間の速さ，平均の速さ】

対流／気体や液体を熱したとき，あたためられた物質そのものが移動して，全体に熱が伝わる現象

【→伝導，放射】

力の合成／複数の力が1つの物体にはたらくとき，それらの力を合わせて同じはたらきをする1つの力を求めること

【→合力，力の分解，**図9**】

力の分解／1つの力を，それと同じはたらきをする複数の力に分けること

【→力の合成，分力，**図9**】

伝導／固体の物質の一部を熱したとき，熱した部分から温度の低い周囲へ熱が伝わる現象

【→対流，放射】

等速直線運動／一定の速さで一直線上をまっすぐに進む運動

反作用／ある物体に力(作用)を加えたとき，相手の物体から受ける，大きさが同じで逆向きの力のこと

浮力／水中にある物体にはたらく，上向きの力

【→**図8**】

図8 水中の物体にはたらく浮力

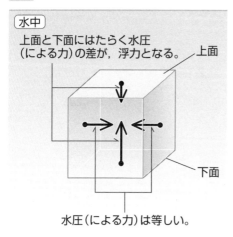

水中

上面と下面にはたらく水圧(による力)の差が，浮力となる。

上面

下面

水圧(による力)は等しい。

図9 合力と分力

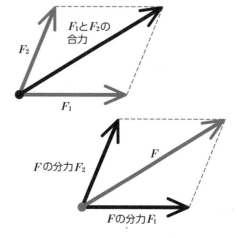

F_2

F_1とF_2の合力

F_1

Fの分力F_2

F

Fの分力F_1

分力／1つの力を分けた複数の力

【→合力，力の分解，**図9**】

平均の速さ／区間全体を一定の速さで移動したと考えて求めた速さ

【→キロメートル毎時，瞬間の速さ，
センチメートル毎秒，メートル毎秒，
式3】

放射／熱源から空間をへだててはなれたところまで熱が伝わる現象

【→対流，伝導】

メートル毎秒／速さを表す単位(記号m/s)

【→瞬間の速さ，平均の速さ，**式3**】

力学的エネルギー／運動エネルギーと位置エネルギーを合わせた総量

【→**図10**】

力学的エネルギーの保存／外部のはたらきかけがなければ，物体のもつ力学的エネルギーは一定に保たれること

【→**図10**】

ワット／仕事率や1秒間に使われるエネルギーの大きさを表す単位(記号W)

【→**式2**】

図10 力学的エネルギーの保存

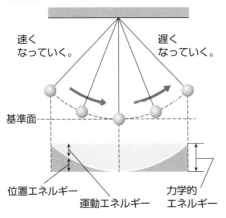

速く
なっていく。

遅く
なっていく。

基準面

位置エネルギー

運動エネルギー

力学的
エネルギー

単元4

天の川銀河(あまのがわぎんが)／＝銀河系

緯線(いせん)／赤道を0°として，同じ緯度を結んだ線

【→経線，図11】

衛星(えいせい)／惑星のまわりを公転する天体のこと

皆既食(かいきしょく)／太陽だけでなく，天体がほかの天体によって完全にかくされること

【→日食，部分食】

外惑星(がいわくせい)／地球より外側を公転する火星，木星，土星，天王星，海王星のこと

【→内惑星】

北(きた)／北極点の方向

【→方位，図11】

銀河(ぎんが)／数億から数千億個の恒星やさまざまな物質を含む天体

銀河系(ぎんがけい)／約2000億個の恒星からなる，太陽系を含む銀河

金環食(きんかんしょく)／月が地球から遠いとき，太陽をかくしきれない場合に太陽のふちが残る日食

クレーター／月の表面にある，円形でくぼんだ地形

経線(けいせん)／北極と南極を結んだ線

【→緯線，図11】

月食(げっしょく)／月が地球のかげに入る現象

【→日食】

恒星(こうせい)／自ら光や熱を出してかがやいている天体

公転(こうてん)／天体が，ほかの天体のまわりを回転すること

【→自転】

（天体の）**高度**(こうど)／地平線から天体までの角度

黄道(こうどう)／天球上の太陽の通り道

黄道12星座(こうどうじゅうにせいざ)／黄道付近にある12の星座

光年(こうねん)／光が1年間に進む距離を1光年とした距離の単位（1光年＝約9兆4600億km）

黒点(こくてん)／太陽の表面にある温度が低く，黒く見える部分

コロナ／太陽をとり巻く高温のガスの層

（天の）**子午線**(しごせん)／天球面上で天頂と南北を結ぶ線

【→図13】

自転(じてん)／天体が，その中心を通る線を軸にして，自分自身が回転すること

【→公転】

図11　方位の表し方

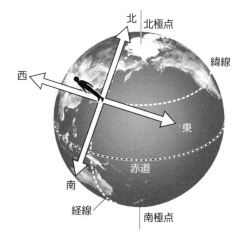

小惑星／主に火星と木星の間で太陽のまわりを公転する小天体

すい星／太陽に接近する際，長い尾を見せることのある天体

世界時／イギリスのグリニッジを通る経度0°での時刻が基準となっている，世界共通の時刻

太陽／地球の環境を支えるエネルギー源としての役割をもつ，地球から表面を直接観測できる恒星

太陽系／太陽とその周辺をまわる惑星や小天体の集まり

太陽系外縁天体／海王星より外側を公転する小天体

地球型惑星／惑星のうち，小型で密度が大きい水星，金星，地球，火星のこと

【→木星型惑星】

地軸／地球の北極と南極を結ぶ軸

【→ 図14 】

月の満ち欠け／太陽と月の位置関係が変化することで，月の見え方が毎日少しずつ変化すること

天球／天体の位置や動きを表すのに便利な見かけ上の球体の天井

【→ 図13 ， 図14 】

天体／夜空にかがやく星や月，昼間の明るさの源である太陽などのこと

天頂／天球面上で観測者の真上の点

【→ 図13 ， 図14 】

天の赤道／地球の赤道面を天球まで延長したもの

天の南極／地軸を南極側に延長して天球と交わるところ

天の北極／地軸を北極側に延長して天球と交わるところ

天文単位／太陽と地球の距離を1天文単位とした距離の単位

等級／1等級，2等級などと表される天体の明るさの単位

等星／1等級，2等級などに応じて，1等星，2等星などとよばれる恒星の明るさの単位

内惑星／地球より内側を公転するので，金星と水星のこと

【→外惑星】

南中／天体が天頂より南側で子午線を通過すること

【→ 図13 】

南中高度／天体が南中するときの高度

【→ 図13 】

南中時刻／天体が南中するときの時刻

図12　太陽系の主な天体

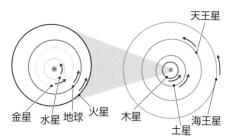

天王星
金星　水星　地球　火星　木星　海王星　土星

単元4

日周運動／地球の自転により，天体が1日1回地球のまわりを回るように見える動き

【→年周運動, 図13, 図14】

日食／地球から見て，月によって太陽がかくされる現象

【→皆既食，金環食，月食，部分食】

（天体の）年周運動／地球の公転によって生じる天体の1年周期の見かけの動き

【→日周運動】

部分食／太陽だけでなく，天体がほかの天体によって部分的にかくされること

【→皆既食】

方位／自分がいる地点の地平面上での方向

【→北, 図11】

方位角／天文学で，北を0°として時計回りに目標点までの角度をはかったもの

めい王星型天体／太陽系外縁天体の中で大きなもののこと

木星型惑星／惑星のうち，大型で密度が小さい木星，土星，天王星，海王星のこと

【→地球型惑星】

流星／地球の大気とぶつかって発光する小天体

惑星／恒星のまわりを回っている，ある程度の質量と大きさをもった天体で，太陽系では水星，金星，地球，火星，木星，土星，天王星，海王星のこと

【→図12】

単元4

図13 太陽の日周運動

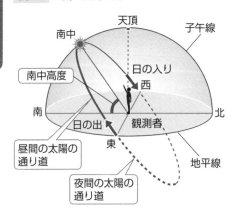

図14 星の日周運動

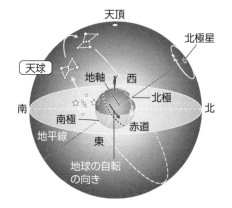

12

SDGs／2030年までに先進国，途上国，国や企業，団体，個人があらゆる垣根をこえて協働し，よりよい未来をつくろうとして国連で決めた17の目標のこと

温室効果ガス／地球表面から放射される熱を吸収してその一部を地球表面に再放射し，地球表面付近の大気をあたためるはたらきのある気体

【→地球温暖化，**図15**】

カーボンニュートラル／植物由来の燃料を燃焼させた際に排出される二酸化炭素は，原料の植物を生育する過程で光合成によって大気からとりこまれたものなので，全体として見れば，大気中の二酸化炭素は増加しないという性質

外来生物／もともとその地域に生息せず，ほかの地域からもちこまれて野生化し，子孫を残すようになった生物

【→在来生物】

核エネルギー／核燃料がもつエネルギー

核分裂反応／ウランなどの原子核が，2つ以上の原子核に分裂する反応

化石燃料／石炭や石油などのこと

火力発電／化石燃料を燃焼させて高温・高圧の水蒸気や燃焼ガスをつくり，タービンを回して発電するしくみ

環境／生物をとり巻く水や空気，土など

菌糸／菌類のからだをつくる糸状の細胞

菌類／カビやキノコなどのなかまのこと

原子力発電／核燃料内での核分裂反応で発生する熱で水蒸気をつくり，タービンを回して発電するしくみ

合成樹脂／＝プラスチック

合成繊維／アクリルやナイロンなどの人工的につくられた繊維

【→天然繊維】

細菌類／乳酸菌や大腸菌などのなかまのこと

再生可能なエネルギー／太陽光のように，エネルギー源をいちど利用しても再び利用することができるエネルギー

在来生物／もともとその地域に生息していた生物

【→外来生物】

里山／集落と，それをとりまく森林，農地，ため池，草原などをふくめた地域全体

シーベルト／受けた放射線量の人体に対する影響を表す単位（記号Sv）

持続可能な開発目標／＝SDGs

図15 地球温暖化

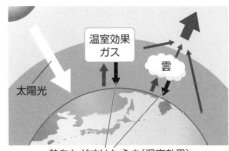

熱をもどすはたらき（温室効果）

持続可能な社会／環境の保全と開発のバランスがとれ，将来の世代に対して，継続的に環境を利用する余地を残すことが可能となった社会

循環型社会／資源の消費量を減らして再利用を進め，資源の循環を可能にした社会

消費者／植物やほかの動物を食べることで養分をとり入れる生物

【→生産者，分解者，**図16**】

植生／ある地域に生育している植物の集団

植物プランクトン／光合成を行うプランクトン

食物網／生態系の生物全体で，食物連鎖が網の目のようになっているつながり

食物連鎖／生物どうしの食べる，食べられるという鎖のようにつながった一連の関係

【→食物網，**図16**】

- -

図16　物質の循環と食物連鎖

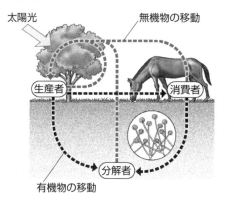

単元5

水力発電／高い位置にある水の位置エネルギーを利用し，水車を回して発電するしくみ

生産者／無機物から有機物をつくる生物

【→消費者，分解者，**図16**】

生態系／ある地域に生息する全ての生物と，その地域の水や空気，土などの生物以外の環境とをひとつのまとまりとしてとらえたもの

太陽光発電／太陽電池に光を当て，光エネルギーを電気エネルギーに変換して発電するしくみ

地球温暖化／近年地球の平均気温が少しずつ上昇する傾向にあること

【→温室効果ガス，**図15**】

地熱発電／地下のマグマの熱でつくられた高温・高圧の水蒸気を利用し，タービンを回して発電するしくみ

天然繊維／綿や麻，絹などからつくられた繊維

【→合成繊維】

土壌動物／落ち葉などの有機物を食べ，細かく粉砕しているダンゴムシやミミズ，ダニ，トビムシなどのこと

土壌微生物／細かく粉砕された有機物の分解をしている微生物

バイオマス発電／作物の残りかすや家畜のふん尿，微生物を使って発生させたメタンなどを燃焼させて，タービンを回して発電するしくみ

微生物／菌類，細菌類をふくむ小さな生物をまとめた総称

風力発電／風による空気の運動エネルギーでブレード(羽根)を回して発電するしくみ

プラスチック／人工的につくられた有機物

〔例〕ポリエチレン，ポリエチレンテレフタラート，ポリ塩化ビニル，ポリスチレン，ポリプロピレン

【→**表1**】

プランクトン／水中にうかんで生活している生物

分解者／生態系のなかで，生物の遺体や動物の排出物などの有機物を養分としてとり入れ無機物に分解する生物

【→生産者，消費者，**図16**】

保全／人間が自然環境にかかわることで，自然環境を積極的に維持すること

表1 プラスチックの特徴

①成形や加工がしやすい。
②軽い。
③さびない。
④くさりにくい。
⑤電気を通しにくい。
⑥衝撃に強い。
⑦酸, アルカリや薬品による変化が
　少ない。

単元
5

そのほか

記録タイマー／一定時間ごとの物体の移動距離を記録することができる装置

こまごめピペット／液体をとるときに用いる。

酢酸オルセイン／細胞の染色液の1つ。赤色をしている。

酢酸カーミン／細胞の染色液の1つ。赤色をしている。

定滑車／別の物体に固定された滑車
【→動滑車】

動滑車／固定されないで移動できる滑車
【→定滑車】

万能 pH 試験紙／中性では緑色で，酸性の水溶液ではオレンジ～赤色に，アルカリ性では青緑～青色に変化する性質を利用して，水溶液の性質を調べることができる。

pH メーター／pH を測定することができる装置

BTB 溶液／中性では緑色で，酸性の水溶液では黄色に，アルカリ性では青色に変化する性質を利用して，水溶液の性質を調べることができる。

フェノールフタレイン溶液／酸性や中性の水溶液では無色であるが，アルカリ性では赤色に変化することを利用して，水溶液がアルカリ性かどうかを調べることができる。

表A 化学式

H^+	水素イオン
Na^+	ナトリウムイオン
K^+	カリウムイオン
Cu^{2+}	銅イオン
Zn^{2+}	亜鉛イオン
Mg^{2+}	マグネシウムイオン
Ca^{2+}	カルシウムイオン
NH_4^+	アンモニウムイオン
Cl^-	塩化物イオン
OH^-	水酸化物イオン
SO_4^{2-}	硫酸イオン
NO_3^-	硝酸イオン
HCl	塩酸（塩化水素）
H_2SO_4	硫酸
HNO_3	硝酸
CH_3COOH	酢酸
$NaOH$	水酸化ナトリウム
$Ca(OH)_2$	水酸化カルシウム
$Ba(OH)_2$	水酸化バリウム
KOH	水酸化カリウム
NH_3	アンモニア
$BaSO_4$	硫酸バリウム

そのほか